其实，我们都只是宇宙中的泡沫

吴九箴 著

华夏出版社

HUAXIA PUBLISHING HOUSE

图书在版编目（CIP）数据

其实，我们都只是宇宙中的泡沫/吴九箴著. —北京：华夏出版社，2015.7
ISBN 978-7-5080-8399-5

Ⅰ.①其…　Ⅱ.①吴…　Ⅲ.①人生哲学-通俗读物
Ⅳ.①B821-49

中国版本图书馆 CIP 数据核字（2015）第 054646 号

本书经作者吴九箴与台湾松果体智慧整合行销有限公司授权，同意在北京麦士达版权代理有限公司代理下，由华夏出版社出版发行中文简体字版本。非经书面同意，不得以任何形式任意重制、转载。

其实，我们都只是宇宙中的泡沫

作　　者　吴九箴
责任编辑　梅　子

出版发行　**华夏出版社**
经　　销　新华书店
印　　刷　三河市少明印务有限公司
装　　订　三河市少明印务有限公司
版　　次　2015 年 7 月北京第 1 版
　　　　　2015 年 7 月北京第 1 次印刷
开　　本　880×1230　1/32 开
印　　张　6.5
字　　数　75 千字
定　　价　30.00 元

华夏出版社　　地址：北京市东直门外香河园北里 4 号　邮编：100028
网址:www.hxph.com.cn　　电话：（010）64663331（转）
若发现本版图书有印装质量问题，请与我社营销中心联系调换。

目　录

当泡沫觉醒，
就不只是泡沫

第一次从红尘幻梦中被惊醒，是自己遭逢大难时。从那时候起，我深感无明的恐怖是如此不可思议，它竟可以让我在梦中那么久，把假的幻象当成真的，就像聊斋里把骷髅当成美女的书生，等大梦一醒，才觉知到自己过去是多么的愚蠢及可悲。

第二次强烈感受到无明的恐怖，是遇见一位自称是黑道兄弟的朋友，他的无明驱使他，只要有人看他不顺眼，他不惜赔上性命也要讨回尊严。尽管他也有父母妻小，尽管对方也有亲人和大好人生，他仍会想尽办法去找对方拼命，否则不会善罢甘休。

你可以说他是疯子，因为，没有任何人能劝得了他，他的无明就在你的眼前，向你示威。你可以透过他血红的眼和狰狞的表情，看见他内在的无明，是如何地操弄着他，让他没有意识，也没有觉知，活像一个傀儡，全身所有细胞都被无明掌控住了，你想帮他又无从帮起。

是啊！没有人帮得了他，除了他自己。

这世间最恐怖的，不是什么妖魔鬼怪或核弹，而是无明。从那时候起，我发愿要让更多的人都懂得觉醒，让他们自己拯救自己。

如果一个人在有生之年没有觉醒，就等于是宇宙里一个没意义的泡沫因缘聚合形成的一个泡沫，不管他曾经多凶狠或多有钱或地位多高，很快都会消逝在这宇宙里。

人的一生，真的只像泡沫般出现，又像泡沫一样消失无踪，真的如此没意义吗？

曾经有人向我诉说，人生的这种虚无缥缈，让他找不到生活的任何意义和价值，我们都只是一个个泡沫，被上帝吹出来了，很快地又在暗黑的虚空中消逝，没有人记得你，没有人知道你曾经来过。

但我跟他说：如果一个泡沫能觉醒，它就不只是泡沫。

就像一颗小小的种子，当它觉醒，它就能成为一棵大树或成为一朵花，否则，就只能以种子的姿态死亡，泡沫里也蕴藏着无限可能。

或许，觉醒的泡沫，可以聚集更多的泡沫，形成一朵云，形成一滴雨，形成一片大地……山川花鸟、森罗万象皆能从泡沫的觉醒，而展现在这虚空宇宙。

或许，觉醒的泡沫，不会变成任何东西，但它能觉知自己的存在只是因缘的假合，能自在无惧地以泡沫的姿态消失于宇宙，还原成水分子，又回到上帝的吹泡泡瓶子里。

即使一切都只是错觉，四大皆空，泡沫仍要亲身体验这场梦幻的旅程。

表面看来，我们都只是宇宙中的小小泡沫，在很短的时间内出现，然后很快地老死，好像我们的存在，只是地球上或宇宙里的一种错觉。

事实上，每个泡沫的核心，都有看不见的灵性，否则，无法聚合成水分子和各种因缘，形成一个个泡沫。

泡沫存在的意义，就在它里面的灵性，是否能从泡沫短暂的一生中觉醒，真正的觉醒，回忆起它不只是个泡沫，它可以幻化成万物，也可以不成为任何东西，还原到空性这个本来面目，从此不再只局限在泡沫的形态里，玩着无聊的被吹出来又瞬间破灭的游戏。

因此，觉醒是我们这些泡沫来到这个世间的最重要的课题。

只有觉醒，人生才会不再迷惘空虚，也无须为了人家一句话或一个眼神，就要和人家拼命，更不用为了逃避孤寂、无聊和恐惧，而作践自己或伤害自己，来乞求人家的关心和肯定。

但这个课题很容易被遗忘或忽视，包括我自己，也必须每天和无明对话。毕竟，我的习性和业力也不比任何人少。因此，我为自己写下了这本"觉醒笔记"，时时提醒自己，不要忘了：当泡沫觉醒，就不只是泡沫。

如果你对这本笔记也有共鸣，那么不妨用来提醒你自己吧！

1

我们来这世间，

不是为了点数或赠品

当你生病的时候，握着你的手、为你煮汤的，不是你的金钱、汽车、房子或身份地位，而是那些关心你的人们。

即使他们不像宝石或金钱那样，闪耀着炫目的光芒，或天天取悦你、顺你的心。

让你所爱的人们知道，你爱他们。因为，爱才是我们来这世间的理由。我们的肉身和意识的存在，我们高兴、悲伤或生病，都是为了体会什么是爱。

对于爱人的爱，切莫迟疑，也不要吝于说出口，因你无法确定，明天是否还有机会见到他们。

人和人的相聚、相知，绝不是随机拼凑的结果，绝不是像乐透那样，几号球和几号球一起被摇出来，只是机率问题。人与人之间、人与万物之间，都有看不见的东西联结着，我们会在这里，遇到什么人，并不是上帝的指示，而是我们内在的灵魂自己所选择的。当我静下来时，脑子里总浮现出我身边这些有缘人的脸，那种和他们之间的熟悉感，让我深深感觉得到。这些人就是上辈子和我很有缘的同一批人，不，应该说是同一批灵魂。

那种熟悉感，是超越感官的觉知的。

我感受到的不是他们现在的面孔和打扮，而是一种存在，我知道他们在那里，虽然有面孔，但不是很清晰，不过，那种和他们相处的自在和熟悉感，好像彼此结识了好几百年，甚至好几千年，彼此可以在人海中认出对方，见面时完全没有压力和做作的亲切感，让人感觉像仲夏夜的清风拂面，忘了自己是谁，也不想追求涅槃或天堂。

虽然，很清楚大家彼此的存在，以人类形式来互相感应是不可能长久的，相聚时的欢乐，也不知还有几次的额度可以使用，彼此的时空轨迹也不一样，大限来时，不是你先走，就是我先闪人。

然而，我心中没有任何悲伤和不舍。我清楚地知道，我们的这个肉身和意识，只是让我们的灵魂，可以在这个地球游乐场，借以互相感应和沟通的界面。

我们由四大聚合而成的这个肉身，只是一个界面，透过眼耳鼻舌身意，我们可以感受到这个时空的所有讯息，包括这个花花世界的万象和有缘人的一切。

当我们彼此的时空轨迹到期，也就是细胞、分子里的粒子，和整个宇宙的星空相对应而产生的振荡周期，已到了在这时空可以聚合成细胞运作的极限时，我们就会结束透过这个界面来感应互动的游戏，我们的肉身会分解，我们又回到灵魂和灵魂相互感应的状态，只是没有了人身这个界面，灵魂以超时空的方式沟通和感应，没有那么多的障碍和因缘条件，相对的比较没那么好玩而已。

当我们认出对方的灵魂，看穿他们的肉身界面，认出他们内在那个和我们认识了几百年、几千年的灵魂，就不会在意彼此在人世间的利益得失和种种因为界面障碍而引起的不快和误会。

那种感觉，就像在风雨中遇见故友，高兴得不会去计较家里的鸡杀了几只，端出多少酒来宴请故友。什么是核心，什么是不重要的细节，看得很清楚。

尤其，当我们和这些有缘人彼此认出对方的灵魂，那么，这些有缘人我们就称他们为知己，或灵魂伴侣。

不论对方是否认出我们的灵魂，如果我们能觉醒地看清彼此肉身界面背后的存在，才是聚合四大的本体，那么就应该能时时保持觉知，和他们玩着这个幻象世界的游戏。

尽管游戏中有快乐、欢笑，偶尔也会赌气或坚持己见，甚至有时彼此游戏玩得太认真、太投入，彼此嬉笑怒骂，或对彼此的言行产生误会，因而会生闷气、不联络等等，也都不会把游戏当真，而会去伤害界面背后的灵魂。

因为，当一个灵魂觉醒，他会清楚地知道，他拥有的肉身这个界面，只是个桥梁，所有建构在这个界面上的因缘，例如名利、财富、外貌或形象，都只是玩这个游戏时附赠的点数或礼物，他真正要的，是透过这个界面，让内在的灵魂感受到什么、体验到什么，进而学习、悟到什么。

因为，这些感受和体悟，是灵魂以其原来的粒子在振荡的模式下，也就是没有肉身当界面时，所无法拥有的。

这才是我们这些灵魂，来到这幻象世间的最大目的。

但不可否认的是，我们身边这些有缘人，或是我们所爱的人，并非每个人都处在这种觉醒状态。所以，他们仍可能为了点数或赠品要和你计较、和你翻脸或对你产生仇恨。

事实上，他们并不是我们真正的仇人，不过是他们忘了自己只是在玩游戏。这就好像为了筷子的颜色不对，就把整桌山珍海味都掀翻掉一样，荒谬至极，但却又时常在这个世间发生。

因此，我们应该时时保持觉知，去包容这些有缘人。毕竟彼此有如此深的因缘，可以一起拥有同样模块的界面，来这游戏平台一起体验人世间，是多么的不容易啊！

如果有一天，他们也能醒过来，他们也必然会察觉，我们的灵魂来这世间，不是为了执著这个界面，而是界面内在深处的灵魂核心里，那个本体要感受"爱"这个东西，这才是我们来到此生的功课啊！

2

其实，
　　我们都只是宇宙的泡沫

现今的物理学家，似乎都慢慢同意神秘学家的说法，他们认为人类的每个心念，都会显现在某个层面或宇宙的时空场中，创造出无限多变的幻象。

如果你把这个宇宙想象成一栋无限大的公寓，每一层楼的每个单位中，都有不同的因缘聚合在发生、流转或消失。

你的意识或许正住在二楼的单位中，其中，包括这个单位及你拥有的所有能量，都是向造物者租来的。

如果你把能量不断专注在地球毁灭的心念中，你和你的单位就可能被烈火、洪水、炸弹、龙卷风或瘟疫所摧毁。

然而，如果你爱自己的生命和生命中一切好的、坏的、快乐的或不如意的种种因缘，希望生命以及它的生物形式延续并演化下去，你也可以用能量去共同创造这栋大楼的存在及进化。

如果有某一层楼被大火烧毁，就算不是你住的楼层，你可能也会被烟呛死，或者楼上的水管爆裂，也可能渗到你的单位里面。

如果你有觉知，想一想，你是谁？住在哪里？

其实，我们都只是宇宙中的泡沫，栖息在由泡沫形成的都市和水泥森林中。

如果有任何因缘消失或不足，那么这个由泡沫形成的高楼、都市、百货公司、学校……以及你自己，都随时可能消失。

保持觉知，检查一下你自己所选择的因缘幻象，是由什么样的心念造成的；或者去观照你所看见的都市或街道，是否由众人的什么意念一起塑造出来的。

上帝把能量和各种因缘租给我们，不是要我们盖更多的高楼、赚更多的钱、发展更高度的文明来破坏自然，企图扮演上帝的角色。

　　上帝把宇宙和能量租给我们，是为了让我们在这个幻象游戏中，了知因缘无常的实相，让自己的灵性不断进化。

　　此外，在我们学习及进化的过程中，我们从上帝的爱中觉醒，并且让灵魂清醒地去爱更多人，把"爱是灵魂存在的核心"的讯息传播出去，让更多的人觉醒，这就是我们要付给上帝的租金了。

3

当你没有觉醒，
就等于没有真正"活"过

曾经有位小朋友，听同学说他手上的生命线太短活不久，就割腕自杀了。

同样的执迷，也有一位非常渴望浪漫爱情的女孩，听命理师说她的感情线太浅，不会有好姻缘，就愤而拿刀把感情线割深一点。

或许大家都以为，这些傻事只会发生在小朋友或少女身上，然而，据我所知，也有不少年长者，花了大把钞票要什么大师帮他作法，让他可以长生不老或延长生命线。

老实说，很多人活了一辈子，都还没发现自己的生命线在哪里，也不知道自己根本没有"活"过，一辈子都在醉生梦死当中。

事实上，人来到这世间，只是一个因缘聚合的现象，真正有生命，是从意识觉醒开始的。

觉醒可以说是一条真正的"生命线"，因为它将你和实相联结起来，是攸关生死的一条线或一个界面。

当你让越多的能量流经觉醒的意识，生命就越有自主性和深度，你才能感觉到自己是活着的，自己有能力去做各种选择，以及决定自己该怎么做。

同样是人，有人一辈子做了很多事，有快乐，也生过无数次的气，甚至做了很伟大或很令人发指的恶事，到死前的一刹那，他仍不知这一生为何而来，为何会做了这么多他也无法掌控的事，最后也只能茫然地离开人世间。

同样是人，有人即使每天怒气冲天，或者他的所作所为不让人认同，仍可以活得很自在，因为他知道自己在做什么，他知道生命的实相，即使死也是从容的。

从前有个学佛的人，因为做了亏心事被打入地狱，佛祖派人去地狱救他上来。第一次派渔夫去，这个学佛者问渔夫会念《金刚经》吗？渔夫说不懂，学佛者心中看不起他，不愿跟渔夫回去。

佛祖又派了樵夫、屠夫、小偷去救他，他也是一一问人家是否读过《心经》、《楞严经》等等，人家都说没读过，他都不屑一顾，打发他们走了。

等到他要被丢入油锅了，他朝着阎罗王喊冤，说自己一辈子念经吃素，不应该下油锅。阎罗王大吃一惊，去问佛祖为何不救学佛的人，佛祖却只能耸耸肩说，他早已派了许多智者下去救他，是他没有智慧脱离地狱，就把他的执著下油锅炸一炸吧！

当你没有觉醒，你就等于没有真正"活"过。

你不知道为何爱上一个人，又和这个人成为仇人。

你搞不清楚为何要进某一所学校，也不知道为何要做这份工作。

你摸不透自己为何爱发脾气，或者对某些东西感到恐惧。

甚至，某些时候，你就像梦游或被催眠一样，根本不知道自己在做什么，也不知道为何来到这世间。

当你活着有太多"不知道"时，你就会被一些你以为"知道"的东西，牵着鼻子走。

例如，人家都说要有钱才有美满人生，于是，你就跟着人家去追求财富，等钱有了，又跟着人家去打球、开名车、包二奶或娶小老婆，又学人家抽烟、喝酒、打牌，当大家流行得癌症，你也跟着得癌症，住进医院的VIP病房……你的一生就这么迷迷糊糊地走完了，即使你临死前，你也搞不清楚自己到底要什么，好像根本没有来过这一世，一切只是一场梦。

如果你以为你能呼吸、吃东西就是有生命，那么，你的存在和那些猫、狗实在没有什么两样。

事实是，每个人都有自己的生命线，或者有一个可以启动生命意识的开关，那个开关不在手掌上的纹线，也不在什么大师的嘴巴里，而是在你的意识中。

你是否要清醒地活过这一生，只能由你决定。

4

其实，我们都
活在逼真的"错觉"中

我们看得见、摸得到的有形生命体，似乎真实不虚，是不是？

那么实在、稳定、有活力，那么令人迷恋惊叹的肉身，就在眼前，手可以摸得到，鼻子也可以闻得到。我们的肉身，是这么的真实、这么的美，应该是真的，不会错吧！

然而，古今中外的神秘学家、巫师及东方的精神导师（包括佛陀），却都说我们的肉身全是镜中之花、水中之月。

他们还说，有形生命只是一个幻象、一个梦，因为这些因缘聚合的有形之物，正一直转向非物质状态（氧化或在消耗分解中）。

然而，我们又为什么如此执著于肉体生命的真实性呢？

有一个片面的解释认为，大多数人都是透过逻辑性左脑来看生命，而左脑并不善于处理无法加以界定、分解量化或分类的事物，它会排斥不在它理性思维范围内的一切（肉身的逐渐消失，就是左脑无法理解并接受的事实）。

很可悲的，我们已远离了自然，与观照或想象性、无界限的直觉右脑失去了联系。

自从西方工业革命兴起，就制约了我们的意识，使我们只信任具体的实物，而不相信精神力量，今天，我们已把信仰放在了科技上。

科学让我们相信，物质是唯一有意义的真实。结果是，我们便无端献上了自己的力量，让物质——那种看来很真实地存在的"错觉"，来限制我们的心念。

就这样，我们永远活在虚幻的"真实错觉"中。

下一次，当物质世界阻碍了你的直觉和心念时，或让你感到丧气时，特别要提醒自己，它并非如想象中那么牢固且真实。

因为，所有有形、无形的物质，都可以通过我们的心念来改变或被影响。

物理学家已证实，物质其实是被重力所凝聚起来的光或能量。

维纳·海森堡（**Werner Heisenberg**）的"测不准原理"实验显示，观察者的视线，会影响物质甚至是分子的运动轨迹。

也就是说，只要科学家的眼睛注视着分子或电子，它的运动轨迹就开始紊乱。

光是一个眼神，也会放出能量，影响分子和电子的存在，更何况是人的强烈心念和意志呢？

因此，我们不只要保持觉知，应该还要用心去观照万物的生、灭、消、长，才能全然地觉醒，看清"我"存在的这个错觉。

5

意识底片有缺陷的人，
永远看不见实相

那些心中有罣碍、恐惧的人，总是无法看见事情的全貌。

我曾说不一定要吃素才算修行，那只是一种选择，你可以吃或不吃，但重点是在于你是否觉醒，而不是依赖吃素这个行为，来让自己安心。

这话让我一个学佛的朋友听了，拼命骂我是妖魔邪道，说我试图解构佛教的戒律系统，如此会让很多人找到不受戒律的借口，会害死很多人。

我只好再对他说一次，说那只是一种选择，我并没有反对吃素。

然而，自始至终，他永远只听见我在说——不要吃素。

同样的道理，当我谈到欲望，我说那是大自然的恩典，没有好坏、邪恶或良善，我们可以拥有欲望，满足欲望，但不要变成它们的奴隶，也不需要禁欲。如果纵欲是左，禁欲是右，那么我主张人应回归自然，走中道……

这时，一堆学佛多年的朋友也开始呛声，说我主张纵欲。

我说的是"不左不右，要走中道"，但就是有人只是听前半段或后半段，选择他们想听的，逃避他们不想听的。

我们从来就无法看清事物的原貌或本来面目，对于一朵花、一张画或一个女人的背影，我们的看见，掺杂了太多头脑的期待、妄想和偏见。

当这朵花或女人的存在，最后无法和我们头脑中的期待相符时，我们就会觉得被欺骗或上了当了，从此在评论此事时，总也选择性地说我们想说的、逃避我们不想说的部分。

这就是人心很难用尺度或法律来检视的关键。

　　法官面前，被告永远宣称自己是被诬陷的，杀人犯或盗窃犯即使被判刑，十有八九都会大喊自己是被冤枉的，或是抗议司法不公。

　　我说不要执著于吃素，不要禁绝欲望违反自然，这些想法的原貌早就荡然无存，在许多学佛人士的心里，我早就被判了几百个死刑了。

　　如果意识是张底片，那么，心中有窒碍、偏见的人，他的底片是扭曲变形且布满坑洞的，从眼睛或耳朵进入的任何讯息，任何他所看到、听到的，在他的意识平台里都是满目疮痍的偏见。

　　对于这样的人，这种意识底片有缺陷的人，我想，再美的花朵或意境，永远也无法在他心中显影的。

6

有钱没钱，
都要修的人生功课

人生在世，要拥有财富，大部分的人必须消耗身心的能量来换取，然而有少部分的人却天生就拥有一堆钱或者相关的资源。

或许，你会觉得宁可生下来就含着金汤匙，但如果从觉醒的角度来看，那些天生就有钱的人，也有可能要花更多心力去学习如何和钱相处的功课。

在实相世界里，钱跟电力或权力一样，只是一种能量的符号，它本身既非正向，也非负向，也没有好坏善恶，就看你如何看待它和运用它，如此才能决定它在你及别人身上的价值。

当一个人富有，却不懂得感谢上天给他的这一大笔钱，更不知为何上天要给他这么多能量时，这些钱和能量反而可能会为他带来灾祸。

当一个人贫困时，如果就因此把钱当做是一切，为了钱可以不要任何东西，包括尊严、自我、感情或爱时，那么钱这个东西，将成为他的主人。

如果有人一直陷于财务困境，除了少部分是天灾人祸的磨难外，他们的穷困，大部分都是和他们的无明有关的。

我有个朋友，四十几岁了，没有老婆、孩子，一个人吃饱即全家饱了，却经常闹穷四处向人借钱度日。当我用心去了解他的状况，才发现他并非是个好吃懒做的人，而是他的水电工作不是很稳定，一旦领到工钱时，就忘了自己还有卡债和银行贷款，也忘了自己向亲朋好友借了许多钱，而是高兴得把钱拿去吃喝玩乐花个精光，等到房东来敲门催缴房租了，才想起来还欠房东好几个月的房租。

这个朋友的穷困，并不是因为钱少的问题，而是他的内在并没有意识到，他活在这世间需要储存足够多的备用能量，才能让他维持稳定的状态，去做更多人生该做的事或任务。而钱就是一个能量的象征，他没有存钱及理财的观念，代表他内在及意识平台里，没有储存备用能量及管理能量的程序和觉知。

如果我们再进一步往他的内在去看，又可看出他缺乏能量管理的觉知背后，是因为他的潜意识在逃避他来这人世间的种种考验和功课，因此，他习惯性地想借着吃喝玩乐来忘掉痛苦和恐惧。

相同的情况，也可以在有钱人的身上发现。

很多从小家里就很有钱的人，长大了就习惯性地用钱来解决人际关系或感情的问题。例如很多千金小姐，总不愿意认真面对自己害怕的事，她宁可找一个乖乖听话的老实男人，用钱和权力绑住他，而不愿用觉知的态度来和对方沟通，一起成长，动不动就用钱或相关资源来压对方，如此她就可以不用面对自己内在最害怕的被遗弃、被背叛和孤单。

　　我就曾遇见一位商场女强人，从小家里很有钱，后来开了一家化妆品公司担任董事长，她的先生是公司的总经理。

　　有一天她约我喝茶，话没说几句就哭得稀里哗啦的，原来她爸爸死后，她先生勾结公司的女股东，设下诡计把她赶出公司，同时也和她离婚，因为，他再也不想当她的一条狗。

　　她哭了半天，恨自己为何生在富人家里，如果她不是那么有钱，他就不会只看上她的钱了。

　　表面上这也是她要如何和钱相处的功课，但背后的问题根源，也在于她如何看待自己的人生和感情，她是否觉知到感情或人际关系，应该用心去经营，她所害怕的，也应该自己去面对和超越，而钱只是个工具或帮凶，主犯是她自己。

　　钱是能量和觉知的符号，看一个人如何对待钱，如何和钱相处，就可以知道他的内在状态以及他的人生功课是否在认真地修学分。

从这个角度来看，有钱没钱的人，人生功课其实都差不多，那就是——要觉知到自己的内在，看清自己的功课是什么，然后勇敢地面对，从中成长。

因此，不管我们目前的苦恼是钱太多或太缺钱，那都只是表象的讯息，反映到实相的世界里，真正苦恼的源头，往往是我们自己看不清无明，而不是钱的问题。

7

留白和挥洒的人生法则

在某些专业领域，"少就是好"的法则是必须的，例如在建筑、艺术、医疗等专业，这个法则就享有颇高的地位。

医师用药固然务求精确，但有时减一点点，疗效却更好，尤其以自然药物为然。

艺术层面亦如是，少一个音符，留一块空白，减一点装饰，恍似神来之笔。中国的国画或书法艺术，就蕴含着这样的意境。

至于人生的其他领域，可能就适用"多就是好"的法则了。

例如，多尊重别人，别人才更尊重你；多关心自己，才不致感到自卑；多爱护地球，才不会让自己忍受污染的毒害……平时不肯帮助别人，又怎能指望别人来帮助你？

此外，人生也必须活得更多元，体验更强烈，心力更投入，否则是无法有所体悟的。

例如，不拖着蹒跚的脚步过日子，不得过且过，凡事不要差不多，人生才能享受到在高峰的经验值。

因此，工作要用整个生命去认真投入，游戏也要不落人后，这才是懂得享受人生的觉者。要活得更有生命力和活力，就要做自己真正爱做的事，把最大力量投注在工作上，反而可以减少压力和焦虑，提升了能量的层次，让自己的灵性可以成长和进化。

人生这场游戏，何时该用"少"、何时该用"多"？这些都需要智慧，而智慧来自于对自己的认识，要认识自己，唯有觉醒一途，如此，该留白的就留白，该挥洒的尽情挥洒，人生这幅作品才会成为独一无二的佳作。

8

大脑的
"加减法"自欺模式

我有一个朋友快四十岁了，但他总自认为永远是三十二岁，他外表的打扮和心态，也永远停留在三十二岁。每当有人问他多大了，他就说是三十二，外加七岁。

我们的大脑是个连比尔·盖茨都无法理解或分析的超级程序，如果有人不想从梦中醒来，我们的大脑就有几千万个理由来摆平无明和现实间的冲突。

我遇到过一个案例，有位年轻小姐长得不好看，却深信自己该有个帅哥男友，于是她用尽办法去倒追好几位帅哥，然后辛苦地加班、兼职，赚钱去供养他。尽管有朋友告诉她，她的帅哥男友某天某时在某地搂着一位美少女逛街，她就会告诉人家，帅哥仍是爱她的，只是在爱她之外需要一些女性朋友聊聊心事，因为她工作忙不能陪他，她相信他是不会背叛她的。

她的逻辑就是，帅哥爱她，只是外加爱逛街、买名牌、女性朋友多、压力大需要人谈心……到头来或回到基本面，帅哥还是爱她的。就好像我们去买奶茶，不管再加珍珠、绿豆、杏仁……多少东西，奶茶还是奶茶，只是看外加什么而名称有长有短而已。

相对的，当情况相反时，我们的大脑也会改用"减法模式"来安慰自己。

有个女孩交了一个爱劈腿、常找借口到国外出差的男友，但她不愿接受这样一个事实，尽管周末或各大节日男友都不陪她，面对朋友和男友的卿卿我我，她也会用减法模式来自欺：她男友是爱她的，整体是一百分的，只是时间这部分要扣一点分数而已。

有则新闻报道一个无业游民，想追求一位心仪的女孩而遭拒绝，他为了逼问女孩的下落，竟然用利刃杀死了女孩的朋友。这类的人，经常是与现实脱节的，很多情况下他们就是运用"减法模式"来自欺，例如这位杀人的无业游民，他明知女孩是嫌他没有稳定的工作和收入，也居无定所，但他却会告诉自己和一般人没有两样，只是暂时缺少工作机会和收入，以及一栋房子而已。

很多铤而走险的生意人或误入歧途的罪犯，在被捕后也总会辩称，他们只是缺少一点运气而已，否则他们的选择是对的。

老实说，大脑的这些加法或减法自欺模式，都是为了保护我们的意识，或是让我们在恶劣环境中可以生存下去的机制。

然而，如果我们没有保持觉知，这些模式就很可能变成我们的妄觉、妄想的帮凶，让自己活在距离现实世界愈来愈远的幻象里。

觉醒的最大好处，就是要随时校正或调整自己大脑的认知与现实的差距有多少，偶尔可以用加减法或除法、乘法来增加存活率或弹性，然而，一旦这个工具变成主人，我们变成奴隶，我们的一生就会成为加减法的牺牲品了。

9

菩萨不穿戏服，
如何救无明众生？

到底人该如何活下去？以何种模式和姿态活下去？

我想，这个问题应该比如何长生不老或成佛、上天堂来得更重要。毕竟，我们现在拥有这个肉身和意识，生存在这个现实世界里，我们要活下去，就必须有粮食、水、空气、归属和安全感、睡觉、尊严、希望和活力以及爱……拥有这些资源和因缘，我们才能全然地去体验人生的各种挑战和喜悲苦乐。

如果你觉醒，就会看见，我们的灵魂来这世间，不是为了要逃避各种苦而去成佛或成仙，应该是彻底觉醒、觉悟地去体验人生这个漫长的旅程。

因此，佛说不要执著，应该是说该执著时就全然地去执著，等因缘尽灭不该执著时，我们就应豁然地放下。毕竟，我们来这地球只是一场游戏，就像我们在家玩电玩游戏，不管过程多精彩、多迷人，等到GAME OVER时，该放下遥控器就开心地放下吧！否则，玩太久手也痛、肩膀也酸，本来是美好的人生游戏，最后却变成一场折磨。

当我们拥有足够的因缘聚合成这个肉身，我们就应该好好珍惜这些因缘，把肉身照顾好、管理好，才能借由这个肉身来完成任务，和人四目交接、拥抱、沟通，把爱的讯息传递出去。

这时，该执著的就要执著，而且是积极正面的执著，补充营养、适时运动、保暖或避暑……甚至为了完成不同任务需要化妆、整发或皮肤保养，就全然地去做到一百分。

曾听过一个笑话：菩萨已无我相、人相、众生相，有一次他没有装扮就出来要开示众生，但大家都不认识他，以为他是精神病院出来的疯子。这时菩萨才发现自己说话没有分量，于是回去装扮整齐，骑着一条龙，头上闪着金光，回来又跟众生说同样的话，众生则奉之为圭臬，叩头跪拜，人心因此向善，人人不敢再造业。

同样的道理，这个时候，菩萨的任务就是教化众生，就必须做好自己分内的工作，依据无明众生的内在需求所投射出来的形象去装扮，然后，大家才能把他的开示听进去。如果菩萨也不执著外相，如何救度无明众生？

或许有一天，当众生都觉醒了，都了解了菩萨像唱戏般的装扮，是为了教化他们时，菩萨就可以停止那种可笑的装扮了。

因缘已至，该放下时就欣然放下，不会执著一定还要穿着戏服、脚踏飞龙，这才是真正的觉悟者。

可惜的是，许多人没有觉醒就中了宗教或经典的毒，拼命要人家放下一切，不能有任何执著，一切是空，搞得一堆修行者让人觉得消极自闭，什么事都不想管、不想计较、不想介入，这种该执著时反而故意不执著，也是一种无知的执著。

该执著时就执著，不该执著时就豁然放下，这才是真正的无我执。

我们拥有这个不可思议的肉身，不妨就随着因缘轨迹让它发挥各种功能，否则，从年轻时就开始打坐到老、到死，干脆生来就是一座铜像岂不是更完美？何须眼耳鼻舌身意和复杂的神经系统及大脑。

如果菩萨必须穿戏服是一种执著，因缘所需，该执著就执著吧！大家想想，如果菩萨一开始就不穿戏服，穿着拖鞋、短裤，披头散发的，如何教化无明众生呢？

10

美女禅师的迷人乳房

不管你的修行是根据佛陀或太上老君或任何先知的系统，真正的修行，必须来自觉醒，而真正的觉醒，绝不会情绪化或偏执地去否定肉身的存在，而是看清我们这个肉身，是比航天飞机或航空母舰更精密、复杂几亿倍的载体，是几百万年生物进化的结果，是灵魂来这个因缘世间互动的界面或桥梁。没有了这个界面，你如何知道什么是佛陀？什么是太上老君？什么是耶稣或许多先知呢？你如何感受到什么是苦？什么是解脱或进入天堂的喜悦呢？

很不幸的，太多的修行者告诉我，他们修行的第一个目标，就是先否定这个肉身，把它打入地狱，把它囚禁在黑暗的地窖永不见天日，如此，肉身的种种本能和欲望，才不会跑出来打扰他们的修行。这个荒谬的想法，就好像你租了一辆车，想去一个名叫天堂的城市，但你租了车子之后，第一个动作却是把车轮卸下，然后挖一个大洞把车子埋掉。

从前，有个修行者禁止自己的欲望升起，看见牛排就观想那是万蛆蠕动的腐肉，看见美女就观想那是装满秽物的臭皮囊，看见美酒或甘霖就观想那是穿肠的毒药。如此，他封闭了自己的眼耳鼻舌身意，不让一丝一毫的欲念升起。

有一天，他看见自己的师兄大口吃肉，看着女人流口水，口渴了就去河边喝一口清凉甘甜的水，他愤怒地指责师兄违反修行戒律。师兄听了问他，师父真的教我们要这样修行吗？

修行者说，七情六欲都是毒，肉、女人和水也都是毒。

师兄听了就倒退三步，掩着鼻子说："那么你是世间最毒的东西了。"

修行者不解，师兄说："你身上都是肉组成的，你是女人生下来的，你只要几天没喝水就会死，你是这三种毒聚合而成的，不是世间最毒的吗？"

好几年前，我遇见一个学禅的朋友，他年轻但很聪明，才参加禅学班没有多久，就成为大家竞相邀请的禅学讲师。但有一次大家都进教室准备听他开示，等了半天也不见他的人影，同学打电话问他，他才向大家道对不起，说他不想再学禅了，因为他和班上一位女同学坠入爱河，现在他们俩人正准备私奔，从现在起不再来教课了，请大家另请高明。

结果，几个月后这位朋友和女友热恋结束，分手后他又回到禅学讲堂，说自己恨死了自己的爱欲本能，害他误入歧途，请大家原谅。

我问他，难道爱情这东西只有仇恨，没有任何甜美或启发他的部分吗？他承认有，如果他女友没有劈腿的话，他可能会一直享受爱情的甜美。

到头来，他的肉身和欲望不但给了他甜美享受，还要替他背黑锅，被他指责成是让人误入歧途的元凶，但和女友间的甜蜜恩爱，则是他自己的。

近年来，有许多传道者，也开始精心打扮或成为年轻人的偶像，只要自己开心，别人也从他们的肉身和才华得到安慰和寄托，也无可厚非。毕竟，这是人性之常，也是自然之本，只要不是太离谱，变成教主而盲目操控大众，或对大众洗脑、扭曲价值观，要大家不要父母、不要学业或出卖自己，我倒觉得是健康且符合人性的传道方式。

记得以前看过一本书，谈到有一位美女禅师，因为长得太美了，有许多弟子忍不住想偷看她的身体，她一气之下把衣服脱掉，用刀把自己美丽的乳房割下来，大声斥责弟子这是假的，有什么好执著的。

老实说，这位美女禅师虽然已看清万物都是因缘聚合，但她也忘了男弟子的反应也是人性和自然之常，她应该鼓励男弟子，如果真的还无法看透万物是假的，最好先还俗去交女朋友，谈几场恋爱，好好欣赏女体的美，等真的看透了、有所悟，再回来看看她的美貌和胴体，是否还那么迷人。

再者，任何美的东西，都是不可思议的因缘聚合，除了几百万年的生物进化，人的意识和认知也要经过长久的演化，才能感知到这些美的东西。

有了这么多的因缘聚合，才有所谓的美，真不应该用刀子破坏或摧残，如此也会误导众弟子贬视肉身的价值，以为肉身是卑贱脏污的，甚至有可能扼杀自己或他人的生命。

我们的身心在所有物种中，是功能最强、应变能力和可塑性也最高的设计，光是对他人的眼神做出敌友判断或躲避危险的反应，都是我们老祖先历经几百万年来，和无数猎物或敌人交战的体验，转化成生命印记累积演化出来的，这样不可思议的因缘，如果你没有觉知，就人云亦云地判它们死刑，那么，我可以肯定的是，你不是个修行者，而是走火入魔了。

修行，不是为了否定肉身，而是为了展现肉身的价值。如果还没有觉知到这个实相，请先不要修行，先想办法让自己觉醒吧！

11

如何增加
能量银行的存款？

根据物理学定律，能量只变换形式，而不会消灭。水从冰变为液体，再挥发为蒸气，是大家最熟知的一个例子。

同样的原理，也适用于肉身的死亡。那个使肉身活着的能量只会变更形式，而不会消灭，灵魂的能量仍保有自觉和自主性。

有些人认为，死后仍存在的那个有意识能量，会因为没有了肉身的牵绊而自动开悟，可是，有智慧的开悟者和哲学家却相信，这个能量会延续住在肉身时，拥有同样的性格和习性。

在世时慈悲为怀、乐于助人的那些人，将继续在较高层的非物质界拥有这种能量振动模式。

卑鄙恶劣的人，将会在死后继续同一模式。而由于低能量把他们拘禁在地上或阴暗处，于是他们就会寻找那些拥有肉身的猎物，来补充能量。

就像我们都长大了，再也不会迷恋那些碎布或棉花做成的娃娃或玩具，但有些人却永远长不大，即使成人了、年老了，仍然迷恋这些东西，于是就会想尽办法去夺取那些在我们眼里只是一团碎布及棉花的没有生命的东西。

活着，就要保持觉知，不要让自己掉入那些负面或无明能量的深渊，就好像你家里会装安保防盗系统，防止窃盗和入侵者一样。

我们身处的这个时空里，存在着很多仍在无明模式的掠夺者，他们的灵能够偷取你的能量，也可以伤害你的身体和灵魂。

万物都以特定振动频率的能量存在：你的行为、思想、感觉、肉体、言辞，或者是我们周边的环境、工作、食物、电影、书籍、音乐，以至于跟你相处在一起的人们，都是如此，彼此有不同频率，却互相影响着。

如果你不懂我说的，不妨把能量想象成银行存款，你的能量愈多，存款就愈多，你的振频愈高、愈稳定，代表你的钱放对了地方没有风险，而且会钱滚钱，让你的能量源源不绝。

现在就用觉知检查一下你的能量银行的存款有多少吧！同时也观照自己的能量振频，也就是存款是否放在增值性高的投资标的上。当你愈有觉知，高层的能量就愈多，你就愈能保护自己，甚至成长进化，去对抗低级能量的侵犯和攻击，也可避免再因为无明、无知，而沦为能量银行的拒绝往来户。

相对的，你愈执著这个肉身，或迷恋世间的幻象，你的能量就会被塑造及局限在低级振频的状态，你的苦和烦恼就会一直跟随着你，就好像你看完一场电影，电影里让你紧张或恐惧的情绪，你仍一直带在身上，回到家、回到工作场所它都无所不在，这是很不明智也很痛苦的。

或许你不相信，同样的人，同样的能量，只要一转念，由迷转悟，从无明中觉醒，你的振频立刻就活跃起来，让你可以看见更多以前看不到的实相，让你可以看见你自己的一些无明和愚蠢行为，你的业可以消除，你的习性也可以被改写或清除，你可以因此重生，让自己的意识和灵性快速升级、进化。

如果你想改变命运，不用去拜拜、求神、花钱改运，你需要的，只是一个小小的觉醒，像电灯开关一样，只要轻轻地一按，啪的一声把开关打开，你就能看见及体悟我跟你说的，到底是真是假。

12

38.5℃ 的无敌铁金刚

万物都是有条件的存在，即使是坚如钢、硬如钻的东西。

某天，我和儿子从卖场买回一张书桌，是需要自己组装的那种，桌面是木板，桌脚是铁的，桌下的横梁也是铁做的。

那是个大热天，我和儿子动手组装忙得满头大汗，于是房里开了很强的冷气。过了一会儿，要把桌下的横梁装上时，发现好像短了一点点，短不到0.1公分，但就是装不上去。

就这样，我们整整花了一个下午，也无法把横梁装上去。当我正要放弃、把桌子拆掉退回给卖场时，忽然想起外面的艳阳，像火炉般烤着地面，记得新闻报道说气温将升高到38.5℃，这时，我才看着冷气恍然大悟。

我立刻把冷气关掉，过了约一小时，室温也提高很多时，我再试试装横梁，结果一下就装好了。

儿子不解地问，为什么会这样？

我说，那是因为铁片会热胀冷缩的影响。

儿子又问，那么无敌铁金刚从北极飞到赤道时，也会热胀冷缩了？

是啊！我这么回答，心中有许多感悟。

我们的头脑对这个世界的认知，是逻辑或片面的印象，就像用照相机把万物照下来，然后我们就认为世界就是像这张静止的照片一样，是不会变的。

不过，真实的世界，是我们的头脑无法想象的。

因为，在实相的世界里，万物都是不停变化的，包括钢铁在内，尤其我们都认知铁是刚硬坚固的，不会变形，是可靠的，小孩子的大脑的认知，也相信无敌铁金刚是不会损灭的，所以可以让他们的心里有依靠，有安全感。

事实上，那都只是错觉，就像钢铁也是不停地在变化，只是变化太小，我们的大脑和肉眼感觉不出来而已。

同理可证，两个人的关系和感觉，今天的自己和昨天的自己，同一辆车在一小时前和后……都是不一样的、不停在变化的。

如果我们没有保持觉知，随时**UPDATE**大脑对万物的印象，等到眼前事物变化太大我们才发现时，必然会有错愕和失落感，甚至开始害怕无常。

再者，如果没有觉知，就不知道万物也都有它们的极限和聚合条件。例如，人体要正常运作，就必须保持在某个温度、湿度和气压当中，只要有任何一个细微条件改变，超出人体可承受的极限，人体的功能就会失常或停摆。

造价昂贵的飞机或坦克也是，环境如果太恶劣，超出它们的极限，它们就算再精良也会变成一堆废铁。

感情再好的亲人，彼此的误会或冲突如果超过警戒线，同样会反目成仇。

因此，万事万物都是不稳定的，但只要它们的起伏振荡不超过一个界限，我们的眼耳鼻舌身意，是很难去发觉的。

因此，当儿子问，如果无敌铁金刚在38.5℃下太久会怎样？

我想，应该所有活动关节或钢片接合处都变窄，甚至密合起来，变成一个不会动的铜像，或许连内部的计算机或零件也会出现异常。无敌铁金刚，到时候也会变成无奈铁金刚了吧！

13

牙膏、泡泡和炼金术

爱情，对很多人来说，是个一辈子也修不好的功课。

当我细心观察那些备受爱情折磨的人，我发现，他们总是陷入两种爱情模式里，第一个是吹泡泡式的爱情，第二个是挤牙膏式的。

所谓的吹泡泡式的爱情，大部分都发生在年轻人，或是心智比较不成熟的成年人身上。这种人总是对爱情抱持着脱离现实的过度期待和妄觉，下场当然就是不停地让爱情泡泡破灭，但幻灭的痛苦又不能让他成长，一个泡泡破了，他又继续吹另一个泡泡。

我有一个朋友，男的，长得不高不帅，人还老实，但快四十岁了仍没有女朋友，他爸妈帮他安排了几次相亲，他都嫌人家不漂亮、身材不好或没气质。最后，大家不耐烦地问他到底喜欢什么样的女孩，他却说几年前在夜店看到一位女孩，有模特儿的身材，腿长、皮肤白，脸蛋又漂亮，就算比他高也没关系。

听到了这个答案，他的朋友和家人从此不再帮他找对象了。

我有个朋友在银行上班，他告诉我，有不少上高中的女孩年纪轻轻就开始欠信用卡的债，原因是她们都想装扮得再漂亮些、衣服穿得更有品味，然后去夜店或五星级饭店专吊一些开进口名车的有钱人，一心想当豪门贵妇，希望从此就可以每天逛街买名牌，过公主般的幸福生活。

然而，在这之前，她们必须先借钱去买名牌衣服、装扮、买保养品和鞋子，只是大多数女孩子投资了这么多，却仍找不到有钱的真命天子，而下场都一样——要和银行协商如何还清债务。

我也常听到一些女孩子说，她要找的男友必须身高多高，要长得像刘德华或某个明星，要有钱又要有才华。当然，最后她们的男朋友不是又矮又穷，就是找不到男人，只能当单身贵妇。

据我所知，那些会在舞厅或酒吧找情人的，多半属于这种类型的人。那些只以外表或身家条件来找情人的人，终其一生绝不可能把爱情的学分修完，除非他们觉醒和成长。

第二种挤牙膏式的爱情，则是习惯性地压榨对方，或掠夺对方的资源，而却从不懂反省的人。他们对爱情没有那种脱离现实的期待，但心中仍有个框框，期待且要求爱人要顺应他的框框，而他却不愿为对方做任何成长和改变。

这种人即使有爱情，却经常在换爱人，因为爱人对他来说，等于是一条牙膏，被他挤完即丢弃，或许这次他找到的是"包容口味的牙膏"，对方愿意包容他，不论他怎么耍赖或霸道，人家总会包容他，但他却不会珍惜和反省，等到有一天他把对方的包容都挤光了，两人一拍即散。

接着，或许他又找到"钞票口味的牙膏"，再下次又换成"可爱口味的牙膏"……

很多情侣或夫妻吵架，多半是两方都互相在挤对方的牙膏，有时是他的先被挤完而情绪爆发，有时则是她的量太少，提早被挤完而开始纷争。

这类人也不乏高级知识分子或年长者，爱情对他们来说，只是一种必需品，就像日常用品一样，有缺就会不方便，不缺就肆无忌惮。

通常，那些幼稚的吹泡泡式的爱人一旦成长后，就会变成挤牙膏式的爱人。

事实上，如果你能觉醒，你会发现人生还有第三种爱情模式，那就是"炼金术式的爱情"。

所谓的炼金术，是透过修炼和某种方式，把不起眼的铜、铁、铅、锡冶炼成黄金。

当两个人觉醒、彼此又有足够的因缘成为恋人时，他们的恋情可以是彼此互相成长的过程，透过彼此不同的特质，可以像修行者一样，让感情升华为爱，也就是让男女爱情质变为灵性的爱，也可以因两人的结合，产生第三种新生命（不一定是生小孩），就像铜铁结合，经过冶炼可以变成黄金一样。

这个境界是超越泡泡和牙膏模式的，但又包含这两种模式存在，他们偶尔可以玩泡泡式的游戏，偶尔可以挤挤牙膏，但有冲突或不安时，又可回到炼金术模式，重点是他们都知道自己在干什么。

到目前为止，我还没看见有典型的炼金术模式的爱情。

不过，这是一个境界、一个功课和一个典范，值得大家去达成和修炼。

　　人活着就要有快感和动力，泡泡式的爱情，满足的是生物性的感官快乐，但不长久；牙膏式的是满足大脑的妄想，可能长久但不快乐；而炼金术式的爱情，则是进入灵性核心的进化之旅，可以体验且学习到的是，我们灵性来这世间的最大课题："爱"，超越名利、外表、肉身的，不生不灭的爱。

　　人生苦短，你想拥有什么样的爱情呢？

14

"苦"是我们的
自创品牌

我们的身体和潜意识，只知道什么是"痛"，而没有"苦"的认知。

如果你有觉知，就会知道，世界上也根本没有"苦"这个东西，只有我们不敢面对或无法承受的"事件"或"认知"。所谓的苦，只是大脑给那些我们不敢面对的事物的一个制式标签或品牌。

人是很优秀的物种，但再优秀的物种，身心也都有极限，一旦超过极限（吵架、压力、失眠……），不妨逃跑或避开，人生就是这么简单，危险无所不在，那些我们要避开或逃脱的东西，也不见得是苦或负面。

打个比方，太阳太热就避暑，风太寒就躲起来，一切都是自然的，人可以活得这么简单。但在所有物种里，唯独有人可以活得很痛苦。

事实上，这个世界根本没有苦存在，心理学家弗洛姆说，人们的苦，都来自太害怕自由，太自由会无聊、空虚，没有依附感和安全感。但我说，所有的苦，都来自人们的无知。

苦是我们大脑的自创品牌，看不见、摸不到，却真实地折磨着我们。

我们的潜意识，根本不懂那些"抽象的人造烦恼"，那些大脑制造出来的苦或烦恼，例如，未来、地狱、破产、永恒、损益、面子、名气、地位等等，潜意识只知道痛，和那些对肉身有威胁的具体危险事件，它可以给我们力量，让我们的心跳加速，神经系统的传导速度加倍，肌肉爆发力增强，而且还会运用老祖先传给我们的一些经验上的原型印记，帮助我们脱离险境。

然而，面对那些大脑制造出来的苦或敌人，面对那些看不见、摸不到的敌人，潜意识根本找不到目标或对手，它只知道大脑给它危险的指令，开始让心跳加速，神经系统紧绷，所有备战的动作都做好，但就是不知如何去打败或脱离那些大脑制造出来的破产、面子、地狱等抽象的苦或敌人。

因此，我们的潜意识一直处在备战状态，长久下去自然会让自律神经失调，血压升高、血管弹性降低、食欲减退、消化不良、脑神经衰弱、失眠或多梦……

在现实世界的商场竞争里，任何有形的产品都可以用技术改良或价格战来压倒对手，像计算机或电视或面膜等，但无形的商品，像是品牌或企业形象，往往是对手花再多的钱和心力，也无法打败或消灭的。

同样的道理，当我们面对真实的险境，如过马路或爬山、骑车，遇到危险时，我们的潜意识和老祖先留下的作战系统，如心跳、血压、神经系统等变化，可以帮助我们脱离险境或打倒敌人。

但面对我们大脑自创的品牌，例如"苦"或"忧郁"、"地狱"之类的无形敌人，我们如果不能觉知到这是意识平台里的敌人，要用意识去消灭的话，我们注定要让身心长期紧张备战，而导致身心失调，甚至崩溃。

人类文明的发展，早已让百分之九十的战争，由现实物质对抗的形态，转入大脑里的思想或意识的形态。我们和苦的战争，也都是在意识平台上的对决。

这就好像世界是一栋大楼，过去人们都习惯在一楼打仗，但时代已进步到大家都在二楼打仗，有人还在一楼搜索敌人，就算把子弹都打完，用机关枪全面扫射，仍打不到敌人，而敌人在二楼却可以轻松地瞄准你，人家只要轻轻动个手指头，你就会死得莫名其妙。

当你的大脑在意识平台打品牌战，你还在神经系统或生物层面打肉搏战，你会得忧郁症或苦闷不安，这是很自然的事。

你的所有苦和败仗，都来自无知，如果你没有觉醒，就不会了解我在说什么。

15

若你有觉知，
万物都是你的老师

造物者给人两耳一口，是要叫人多聆听、少说话。不幸的是，我们大多数人却刚好相反，说话是聆听的两倍。

有些人是用不停地说话来竖起一面墙壁，好让自己躲在背后，可以与人隔离，避开双向沟通的可能。

事实上，用心全然聆听，加强了与自己、别人以及宇宙的联结。它是我们赖以收集信息的主要途径之一，但我们并没有花太多时间在交谈的接收一端，以致坐失了大好的学习机会。

聆听，并不就是闭上嘴巴的沉默服务，真正的聆听是要主动带着活力去觉知你现在正在做的事。

具有讽刺意味的是，很多人聆听或说话时，并不知自己在干什么。

同时，你也可以用心，而不只是用耳朵，去聆听人们和动物、植物的心声。

例如，听一位惹上麻烦的朋友说话，你不必试图解决他的困难，但可以透过聆听他的感受，察觉到他想表达的语言之外的深意。

或者，站在父母的角度听他们的想法，或听孩子们的说话，去感受他们的成长与变化。

此外，也要用心听每个替你服务的人或你碰到的每一个人说的话，像是某位餐厅里的服务小姐、牙医、管道修理工人、银行家或街头露宿者。

若你有觉知，任何人都是你的老师。

用心听风、某棵树或某条河川的灵气，它们有各自的心声和秘密，像《流浪者之歌》里的悉达多。

听心脏和呼吸的律动，听你身体的感受和需要。

当你的直觉对你说话时，用心聆听，所有的答案都在里面，不需向外驰求。

保持觉知地聆听众生吧！因为造物者总是透过它们来对你说话。

16

真正的慈悲不是行善，
而是接受自己的陰影

很多人都只看见慈悲的肤浅意义，以为救人行善或布施捐钱就是慈悲。

如果你能觉醒，就会发现，真正的慈悲并不是一味地行善救人，而是全然地接受自己内在的阴影，以无分别心的存在，去唤醒众生或帮助众生觉醒。

打个比方，同样是救人，一个医生只愿意替婴儿治疗，另一个医生则选择帮无恶不作的坏蛋治疗，哪一个才是真正的慈悲呢？

我认识的许多大善人，平时有空就捐款或当义工助人，但一到半夜或独处时，他们就开始焦虑不安，直到他们又投入义工的工作时，他们才觉得安心。

老实说，这种不敢面对自己内在阴影的行善，并不是慈悲，而是为了掩饰良心的不安，或把行善当麻醉剂的一种逃避的行为。

当一个人无法看见并全然接受自己的阴影，他就无法真正地慈悲。

没有觉醒的人，会选择性地去助人。

真正觉醒的人，看见那些酗酒的、荒淫的、爱赌博的、做坏事的人，就好像看见自己内在的阴影，自己也曾有这样的念头或执著，自己也曾有这样的苦和迷惘，只是他都面对了、超越了，所以可以体谅他们的苦，不会把他们当做洪水猛兽，避之唯恐不及，如果因缘成熟，也愿意帮助他们觉醒。

在觉醒者的眼里，每个人都是珍贵的，且是独一无二的，也都有觉醒的潜能和本质。

然而，许多修行者只要看见有人纵欲、犯戒，或从事低贱、违法的工作，如从事坐台陪酒的风尘女子，或者小偷、骗子或暴力分子，就会大加斥责，且批评他们非我族类，无药可救，恨不得立刻把他们打入十八层地狱。

事实上，人人皆有神圣的自性，是否无药可救，完全由他们自己决定，如果有人走错路或迷失自己，就把他们打入地狱，那么世间还有谁值得救度呢？

包括我在内，很多人都是历经无明的阶段，做了许多蠢事，受尽各种苦痛折磨才慢慢觉醒的，那些未经历过自己内在阴影的修行者，真的就以为自己是在天堂或净土？

我想，他们的天堂和净土可能是用布景搭起来的吧！

他们主张的慈悲，也可能只是压抑自己内在阴影后，所浮现出来的优越感吧！

17

孤寂也有抗药性

人类是个很奇妙的生物，我想，在地球的所有物种里，应该就算人类是最怕无聊和孤寂的。

大家想想，为了排除人类的无聊和孤寂，我们发明了电视、电影、戏剧和音乐，还有报纸、杂志跟各类的游戏机，以及可以让人玩到死的在线游戏。

如果这些发明都是用来治疗人类的孤寂感，那么，人类的孤寂感是有抗药性的。

电视刚发明的时候，让人乐在其中忘了孤寂，但现在的人看电视的时间愈长，心里愈是孤寂不安，尤其是在关掉电视机的那一刹那。

我们的孤寂感，就像一个病毒，当我们投下的药愈强，病毒的生命力也就更强，我们的孤寂病症不但没有医好，反而更严重。

无知的人，眼看电视、电影或在线游戏都不能治愈他们的孤寂，索性拼命地灌酒甚至吸毒，来让自己忘掉自我。忘了自我，轻飘飘的，也就忘了寂寞。只是，当他们醒来的时候，那种像是被遗弃在沙漠荒野的孤寂，将比以前更严重成百甚至上千倍，这时，人们除了继续饮鸩止渴，别无他法。

根据我一位专跑演艺圈的记者朋友讲，艺人和明星之所以不自觉地会去吸毒或酗酒，多少和他们的环境有关。

当明星习惯站在舞台上，当明星习惯成为众人注目的焦点，当他们习惯了掌声和众人左簇右拥，一旦失去舞台或演出机会，甚至害怕不知何时就会莫名地人气就下滑，他们的孤寂感就会排山倒海般袭来，让他们无法招架。

因此，没有通告或表演的时候，他们最怕的是一个人回到空荡荡的家，他们更怕在最孤寂的时候找不到人陪，找不到朋友一起去夜店或酒吧麻醉自己。

或许，上一秒钟还是众人簇拥、要求签名，但下一秒钟就剩自己独自一人，甚至私底下想找个人聊天都没有对象，那种强烈的情绪落差和被遗弃感，实在不是一般人可以体会的。

我常听老前辈说，上台容易下台难。

在这里，我也并非要为明星、艺人的酗酒或吸毒找理由，事实上，也并不一定只有演艺圈才会有这种强烈的孤寂感，商场、政坛、官场、艺术界也是如此。多少人上了台就无法下台，多少人下了台无法适应孤单寂寥的生活，也是酗酒或寻求其他慰藉或得忧郁症，这背后故事的凄凉是令人无法想象的。

其实，就算不是台面上的人物，平凡人也会有莫名的孤寂感。如果有机会去参观世界各大城市都有的酒吧街或夜店街，看他们的规模如此之大，就可以推算出每天晚上有多少人去买醉，来麻醉自己的孤寂不安。

　　全世界的酒商和夜店，只要靠人们心中的孤寂不安，就保证可以赚进大把的钞票。因为，孤寂是有抗药性的，第一次喝一瓶酒就可以开心，第二次可能就要喝三瓶，第三次可能就要喝到烂醉如泥才能赶走寂寞。

　　此外，也有很多对孤寂投降的男男女女，即使被打、被骗、被羞辱，仍不敢离开爱人或另一半，许多人的小孩被同居人性侵害或虐待，也只是睁一眼闭一眼的，甚至有的小孩就此被同居人活活打死。

　　人们心中的孤寂，让人宁可牺牲孩子或自己的性命，也不敢反抗，它带给人们的恐惧有多大，可想而知。

　　孤寂是有抗药性的，不管你用的是高级麻醉剂或便宜的酒精，下场就像是滚雪球一样，用药量要愈来愈多才有效，直到你的身体和神经系统崩溃为止。

　　全世界的人都只知道癌症和艾滋病会要人命，却没有人想过寂寞也会杀人，也没有人想办法去大规模根治这种病。

如果你觉醒，你就会察觉，寂寞这种病是可以根治的，只是人们都用错了方法。

其实，人们心中的孤寂感，是头脑的产物，是意识平台上的一个顽强的古老程序，它不是完全对人有害，最初是用来让人有归属感的需求，让人可以群居互相合作。但是当人的大脑太过发达、太过敏感，也就是想得太多时，加上人际疏离，这个程序就会失控地成为"孤寂杀手"病毒程序，每天失控地折磨你，让你生不如死。

孤寂感，既然是头脑的产物，就应该从头脑下手，也就是从意识平台下手去根治，才会对症下药，而不是一直用酒或快感来麻醉自己的神经系统和大脑。

如何根治莫名的孤寂感？

答案是——觉醒。只有保持觉知地去观照自己的孤寂，不管它如何的折磨你，让你坐立难安或呼吸急促、血压升高，只要你持续观照且不回应它，慢慢地它就会撤退，不会再让你的身体不舒服。

接着，再观照它是什么东西组合而成的？它到底要什么？

只要你持续观照，你会发现，它什么都不是，它只是大脑的快感机制或瘾头效应，跟你要求快感，好让大脑保持在活跃的状态，如果你不听从它的指令，它就会制造一堆让你恐惧和绝望的幻象，把你吓得半死，驱使你成为它的傀儡。

如果你的观照力足够，你就能把孤寂感解离掉，不再被它操控，也不再需要去找麻醉剂或特效药，找酒、找女人、找男人、找乐子、找毒品，来止痛、来忘掉自己。

当然了，这个存在我们大脑里好几千年的古老程序，不会那么简单就被我们的觉知删除掉，当你通过一次考验，等过一段时间它会再来，但它的力道就已减弱许多，你必须时时保持觉知，不停地观照。如果有一天，你能真正觉醒，就再也不用受它威胁，即使它仍存在，你也已经超越它，成为它的主人，这个时候，你才算是有真正的自由和自在。

孤寂是有抗药性的，你要选择用药去滚雪球赔上一条命，还是忍受短暂的煎熬，用觉醒根治它，由你自己决定。

18

拜神拜佛，
不如去拜"无常"

人都讨厌无常，然而，这整个宇宙，包括我们的世间，都是靠着无常在推动运转的，我们本身也是无常的产物，为何要讨厌它呢？

我们先天的人格特质或行为模式，就含有不停变化的倾向，改变本身没有好坏，哪些改变是有意义的，哪些是负面的，则是由我们的大脑决定。

人世间处处充满变量，反而是自然的，凡事都要按照你的期待来进行，反而是很恐怖的事，如果你能想通了这个道理的话。

例如，你可以计划到一个新的游览景点，开车、搭乘公交车、火车或飞机都可以，行程设定约六小时。

如果是徒步和骑单车就走不远，难以产生足够的经历和体验，这时，你就要改变原先的计划，改乘火车或公交车。

本来你想去郊外享受大自然，但刚好大家都想去而塞车，这时不妨把目标改成市中心的某些公园或景点，也同样有散心的效果。

出门时，记得要带着你的弱点，因为它是你最好的导游。

此外，也可利用这个行程试一试自己的极限（身心极限），去体验当问题发生时你感受到的那种恐惧和痛苦，并且去观照其中及背后的实相。

最后，你可以发现，你实际经历的行程，会和你原先的计划相去甚远。

然而，为何你还能完成这趟旅程呢？

那是因为，你的本性中拥有应付变量而随时做出意念和行为改变的能力。

这就是无常的一部分。例如，大家最讨厌的"变量"，却可以训练你在各种不确定的或纷乱的环境中活下来的能力。

这个令人讨厌的无常和变量让人苍老，让美好的爱情变成仇敌冤家，让财富和幸福一夜之间变成泡沫，让良田变成沧海。

但这个无常也为人带来希望，赶走厄运，化险为夷或从病中痊愈。

没有了无常，你我的细胞无法新陈代谢，心脏不会跳动，连命都没有了，哪里还有什么佛啊、神啊或大师之类的。

因此，很多人拜神、拜佛、拜祖先，求他们让自己运势好转，我倒觉得，不如去拜这个"无常"，时常和它亲近，习惯它的语法，你才能反过来借用无常的力量，让你看清事物的变化规律，心想事成。

19

"爱和人比较"
是一种强迫症？

我们总是不自觉地会和人处处比较，身高不如人，长得不够美、不够帅，皮肤不够白，家里没钱、没名车、没别墅，连眼皮也比人家少一层，结果是活得痛苦又无助。

事实上，这种因比较而来的苦，是大脑在作祟，并非发自你内心深处的需求，这是一种负面的逃避行为，这个陷阱会让你无法真正地觉醒及进化。

如果你有觉知，会察觉到这种需要比较的念头是一种病毒，它"存在的理由"是为了让你不安、懦弱，因为只要你软弱，或感到你软弱，它就能生存。当你觉醒、自性强大的那一刻，你大脑里的病毒就失去存在的动力了。

当你执著于把别人比下去的快感时，你就会被一个自以为是的幻觉所困住。

这个幻觉缺少了真实性，因它并非源自一个正向或进化性的力量，也不能提升任何人的觉醒及幸福指数。

若你在比较中败北，你就被困在一个软弱无力的

Life is Long if You Know How to Use it

"虚力状态",让你在人群之中,相信自己总不如人,于是你的潜能和个人特质就会无法展现。

任何企图与别人比较的念头,都只是个没有回头路的陷阱,不管你是胜或败,就像是吸毒一样,一旦上了这列车,就不会有终点和尽头。

事实上,我们每个人在世上都是独一无二的,每个人都有自己独特的个性和才赋,如果你有觉知,应懂得欣赏你自己,也欣赏你所做的,不需要和别人比较或批判他人,因为,他们同样也是独一无二的。

人的价值和自信,不是因为你拥有多少,而是你运用所拥有的资源做了多少;只要能想通这个道理,人与人之间就无须比较,但仍可保持良性的竞争。

保持觉知,去观照那个想比较的意识背后,是否只是你内在恐惧不安的投射?如果是,你不把恐惧的源头解决,就算你成为世界第一,你仍然是不安、迷惘的。

20

"寒食帖"的沧桑美

我曾看过蒋勋先生介绍苏东坡的"寒食帖"的一篇
文章，文旁还附上"寒食帖"的局部图片，帖上
的字乍看很丑，但只要稍知苏东坡遭逢命运折磨的始
末，便能感悟到他在四十岁后的这幅作品，隐然透露出
风霜洗礼后的心境，那是一种你也必须先历尽沧桑，才
看得懂的真朴的美感。

弘一大师李叔同，同样也是有着多彩多姿的人生，
但也感悟到无以言喻的苦楚和沧桑，他圆寂前歪歪扭扭
写下的四个大字"悲欣交集"，没有任何美感，却有一
种看透生命的纯真感悟。

人人都喜欢美的，或者是完美的东西，像是花好月
圆、子孙满堂、出将入相、富贵吉祥之类的，然而，如
果人生真的什么都能圆满完美，就好像麻将随便打都能
自摸一样，相信没有人会对打麻将如此着迷的。

世人总是在梦中期待圆满之美，我和苏东坡、弘一

大师，却在觉醒中看见残缺的真。

禅宗有一个最美的境界，叫"花未全开月未圆"。

意思是，当禅师或觉醒者知道所谓的美和幸福，都是头脑的产物时，他们不会期待花全开或满月时的美感，因为答案已全部揭晓，没有了想象空间；再者，花全开接着就是凋谢，月盈后必开始亏损，不如花未全开、月未全满，还留着三分想象和期待，让人心中充满希望。这种残缺和不圆满的美，反而是最美的。

然而，这种不到一百分的美感，世间有多少人懂得欣赏？

朋友养了多只名犬，其中有一只出生才几个月就得了皮肤病，脸上、眼皮和背上、腿上，都是一块块红斑，毛发也稀稀疏疏的。他怕这只小狗的皮肤病会传染给他的另外几只狗，于是就把有皮肤病的小狗送给我。

当许多爱狗人士，抱着毛发晶亮柔顺的狗、猫去宠物美容中心，看见我的小狗正在擦皮肤药时，都笑说我的小狗根本就是流浪狗，一点美感都没有。

我任由他们嘲笑，看着小狗黝黑的眼眸似乎在跟我说话，又无辜、又无奈的，我内心对它说没关系，我一定会治好它的皮肤病。

几个月下来，我花了不少钱买药和洗发精，细心照料它，小狗的皮肤病好了很多，但仍是有红斑，毛发也仍是稀稀疏疏的，不过它却很通人性，活蹦乱跳的，不管带它出去散步或去美容中心洗澡，总是一眼就可以认出它。

有一天和亲戚聊天，他说他养的贵宾犬几天前放在车上被人偷走，他很伤心，因为那只贵宾犬真的很漂亮，而且是纯种的，他知道这么好的狗，被偷走就永远回不来了。

相对的，我那毛发稀疏的小狗，好几次在公园溜达了半天，也都安全无事。

虽然它的毛发不好看，一只眼睛的四周始终是红红的，但看起来却很特别，那是它独一无二的标记，它是任何名犬都无法取代的。

原来，残缺或不圆满的，反而让人有更深刻的感悟印记。

原来，不刻意去追求符合头脑期待的美感，全然接受自然、真实的因缘，除了美在心底，还带有一份自在。

年轻人总是容易沉醉于表象的完美，而历尽风霜的老者，却常常深情地轻抚着斑驳的信物，他们五味杂陈的感悟，是穿透表象、深深沁入灵魂的。

或许，苏东坡写"寒食帖"时，是带着这种淡淡的……看尽人间幻象的悟吧！

21

分别心，

是闻不到的臭味

从前有一个男人在路上捡到一个小孩，他把小孩送到了警察局，好几天后，才接到警察的电话，说他捡到的小孩经查证是被母亲遗弃的，而且是他的亲骨肉。这时，他再冲到警察局去看这个小孩，对小孩的挨饿和身上的伤痕痛心不已。

为何同样一个小孩，却让他前后有极其不同的反应呢？

因为，这是我们大脑制造出来的分别心。

本来，衣服都是布做的，当你喜欢某个品牌或某个设计师的作品时，你买的衣服就是属于你的，独一无二的，那件衣服上的布料也就跟着成为你专属的。

路上的车子很多都是同款式的，但你买的车陪你爬山、塞车，载过你的爱人或家人，你开始对它产生感情，因此它是很特别的，是其他车无法取代的。

人是感情的动物，但如果没有保持觉知，这个感情的要素，可能就会变成一种盲目的分别心或成为偏执的来源。

许多候选人一旦宣布要参选，他的家人和亲朋好友自然都会支持他，不管他是否弊案缠身，是否恶名昭彰，是否为一己私利而竞选，基于感情或交情的考量，身边的人自然会对他起了分别心，对他的污点给予包容，对其他候选人的缺失就大加挞伐，根本忘了选贤与能，忘了选举是为了公众利益和未来，而不是私人恩怨。

人的大脑有分别心的机制，也不是坏事，主要是为了让自己的生存优势提升，这从物竞天择的演化角度来看，无可厚非，但如果没有保持觉知，这个分别心机制，可能会转过头来制约我们或操控我们，带给我们痛苦和折磨。

很可惜的是，很多人都没有保持觉知，也没有发现自己的分别心是否已经过度发展，超出了正常的界限。

有位警察的太太，因为先生因公殉职，便严禁她的女儿再嫁给警察，但女儿偏偏就是爱上了一位警察，而且爱意浓厚无法自拔，可是这位母亲的分别心已超出常理，不惜以脱离母女关系来逼迫女儿和警察分手，结果是女儿和警察私奔，一家人从此各奔东西，互不联络。她失去了女儿，女儿也失去了原生的家庭。

我有个朋友，他爸爸因爱喝酒而得肝癌过世，他发誓一辈子不碰酒，但他的一个重要客户是品酒专家，偶尔邀他去喝点小酒，他却大发雷霆地拒绝，骂客户劝人喝酒害死人。还好，这位客户也没有生气，了解了他的背景，才告诉他，那些会喝酒喝到吐或伤身的人，其实是不懂喝酒，而且是糟蹋酒的人。真正的品酒，是适时适量，而且是一种艺术和享受，绝不是用酒来当麻醉剂。

后来，我的朋友才开始修正他脑中对酒的过度解释，开始学习品酒。

如何察觉自己的分别心是否变成偏执或盲从？

静下心来，把意识里的程序一一关掉，那些会干扰你看见实相的参数，也都要删除，让自己回复意识平台的原始设定值，再重新去观照那些一直以来，被你判定为不好的某个东西或某个人，是否真的是不好的。

人们总是对长驻在身上的东西，会有慢性适应的能力，因此，你的亲朋好友不守交通规则或违法事做久了，你也会觉得没什么大不了。

就像"臭"是比较出来的，当我们去游泳或洗温泉后，每次洗完澡再穿上旧衣服，才会发现衣服很臭，但原先我们穿的时候，却并没有闻到任何臭味，同样一件衣服，为何前后味道会差这么多？

因为，你早已习惯了自己的体味，你的嗅觉系统已经不客观了。

同样的道理，做人也要时常察觉自己对他人的评断，是否已经不客观，是否你已习惯了自己主观的臭味，反而认为洗过澡的别人是很刺鼻的。

情侣间、夫妻间、同事间、婆媳间、朋友间，如果都能保持觉知，就可以时时修正分别心的参数，人际间无心的伤害就会减低了。

所谓的好人、坏人或讨厌的人，也都是我们的分别心比较出来的。因为，世上只有做错事的人，没有谁是真正或绝对的坏人。

22

同样的人生，

你不可能经历第二次

时间，以及我们对时间的意识，是不可逆的，当你感觉过了一分钟，这一分钟及它当下所包含的时空轨迹及万象因缘的聚合参数，都将成为独一无二的历史。

有位哲学家说，上帝赐予我们生命这个礼物，我们无法选择内容，但我们却可以选择如何包装。

当你没有觉知地等待一天结束，就等于你从上帝那里要到自己想要的名车，而你却只是坐在车内，任由引擎空转而不让车子启动，损耗了车子也浪费了汽油，最重要的是，你浪费了上帝给你的珍贵因缘。

或者，你等于得到一部高级的立体音响和一套大师指挥的交响乐集，却只用来听广播电台一样，你生命的惊人内涵及潜能，都没有机会可以发挥。

活在每一个当下，保持觉知在每个当下，并心存感激，因为这些当下和因缘是不可逆且不能被替代或完全复制的。

当你保持觉知，你会发现，每个当下都是上帝赐给我们的珍贵的礼物。

或许你犯了某个错，这个错是否让你更认清事实，智慧增长？

或许有人伤害你或背叛你，这些人性的实相是否启发你的觉知？

或许你读到或听到某个讯息，让你不再迷惘，你苦闷的人生又打开了一扇窗，看见一个全新的未来？

……

感激人生中得到的每个礼物，然后把它深深地刻印在灵魂深处吧！

爱是人生及灵魂最重要的课题，你今天是否学到什么关于爱的东西吗？

我并不是教你去爱自己、爱别人、爱宠物或车子或艺术品，而是从自己的恐惧不安中，从别人的无情攻击及冷酷防卫中，仍能够看见藏在里面最深处的那个灵魂里的核心，是爱本身，是需要爱人及被爱的。

觉醒，是我们来这世上的功课；犯错，则是我们觉醒必有的过程。

不妨每天三省自己的心，九箴自己的行为，除了修正自己的错，也要从错误当中一点一滴地觉醒，才能慢慢向灵魂核心的"爱"靠近。

23

你不曾心碎，
就不懂什么是幸福

幸福这个东西，不同年纪或不同历练的人，各有自己不同的解释。

我的体悟是，所谓的幸福，是一种历经无数幻灭、痛苦之后才有的无惧安住，是一种开始向内寻求的觉知，每一个当下都觉得很满足，全然地接受所有的一切。

年轻的时候，我不懂那些甘于生活平淡的老年人，他们如何耐得住单调安稳的生活。等到自己历经风浪，吃尽苦头后，我才知道可以单纯地享受生活，没有烦忧和妄想，实在是一大福分。

我有个朋友，他的女儿现在乖乖地和他住在一起，帮他在菜市场卖海鲜，他说，好几年来，他都以为这个女儿不会回来了，因为她爱上一个毒贩，每天流连夜店，后来和男友贩毒被捕入狱，等出狱后整个人才醒过来，又回到父亲身边重新做人。

他说这个女儿现在的心很安定，那些年轻人想玩的东西，她似乎都看透了，反倒很珍惜、感恩每天的平安稳定，不再有什么妄想和不安。

我相信，有人天生就不会有太多妄觉和内在的莫名驱力，让他去撞墙或讨苦吃。但不少人天生多少会有妄想和不切实际的期待，如果怎么劝都无法听进去，那么，最好的觉醒方式，就是让他去闯荡一下，尝尝苦的滋味，他的妄觉自然会幻灭。

诚如巴菲特所说的，你能向一只鱼解释在陆上行走是什么滋味吗？与其空谈一千年，不如让它实际到陆上体验一天。

如果你的家人或朋友是一条鱼，一直吵着要到陆地去体验，何妨让它去感受一下没有水的痛苦？之后它就会乖乖地安住在水里，知道自己的极限和定位。

同样的道理，许多声称找不到幸福的人，你一直跟他说什么平淡是福，要对每一个当下怀有感恩的心，不如让他去闯一闯自己的梦，让他心碎、让他感受刻骨铭心的苦痛，他才会彻底觉醒，原来他早已拥有很多很多，例如家人、朋友、爱人……只是他沉迷梦中看不见罢了。

古代禅师有一首偈："若无闲事挂心头，便是人间好时节。"

当我年轻气盛、活在无明虚妄中时，根本无法了解这个意境。等到历经了各种痛苦、折磨和烦恼，甚至在恐惧中找不到出路时，我才深深体悟，人能活到心头无闲事，那是何等的福分啊！

原来，禅师的偈是不能用头脑去想的，而是要亲身去体悟的。

如果说人的妄觉和幻想是麻醉药，那么，幻灭的痛苦就是苏醒剂。

而觉醒，则是麻醉剂和苏醒剂的中和，这就是中道，不偏不倚，苦乐互为循环动力，唯此灵性才能从无明中突围，向上进化升级。

没有经历过痛苦的人，就不知什么是真正的快乐。也只有那些曾历经丧亲之痛的人，才会珍惜和每个所爱的人相处的片刻，即使只是在公园散步或无言相对，三餐共宿，平平淡淡也甘之如饴。

这世间的真正幸福，只有觉醒的人才看得见。

24

如何拔掉你
内心深处的钉子？

如果你在别人身上插入一根钉子，那个看不见的反作用力，其实也会回应到你身上或内心深处，就好像你的内心深处也被插上一根钉子。

关于这一点，你不用去思考或想象，而是要去观照。

许多历经濒死经验的人曾表示，他们在临死前不仅重新目睹了一生中所发生的事件，而且也体验到自己让别人感受到的各种情绪，包括苦乐喜悲，百味杂陈。

你可尝试列出这一生中被自己所伤害过的人，不论你是有意或是无意的，包括利用、欺骗、偷窃、打伤、漠视、破坏名誉、心理伤害、操控、蔑视，甚至杀害。

那些被你所伤害的人，包括父母、兄弟姊妹、亲人、朋友、情人、配偶、孩子、同事、老板、员工、顾客、陌生人和邻居……

事实上，你在人世间无疑也是个彻头彻尾的加害者，问题在于你是否察觉到这点而已。

若这些人还在世且仍和你有联系，那么你就应该做些具体的行动，打个电话、写封信，或亲自探望他们表示歉意，同时告诉他们，你想治疗彼此的创伤。

你也可以问一下他们当时的感受，用整个生命去倾听，卸下一切防卫，全心全意地道歉，恳请对方原谅你。

如果这些人已无法碰面，也可在心中对他们致歉。

记住，必须诚心地请求对方的宽恕，当你静心地道歉及请求原谅，你的内在会涌起不可思议的力量，把你内心深处的钉子都一一拔起，让你重生，让你的意识和灵魂更清明。

这股力量我希望你自己去体悟，不要用头脑去想，因为它是超越头脑及语言的存在，我也无法形容。

如果你懂我在说什么，不要迟疑，现在就去治愈这个一切苦痛根源的创伤，你就能从许多无形的枷锁中解脱。

25

沈殿霞、梅艳芳与
张国荣的死结

近年来，不少香港知名艺人都死于癌症。表面上，他们都死于癌症或恶疾，事实上，他们是死于自己的心结和无明。

所谓的癌细胞，我的体悟是，那是人们的"识"活在没有未来和希望中，长期焦虑、恐惧，才把健康细胞激化成反自然的叛军，也就是癌细胞。因为癌细胞是人在长期压抑的情况下，由于身心不平衡而起来造反的失控的"恐怖分子"，它们只想壮大自己，不考虑到母体和自己的健康和未来，它们是为反叛而反叛，它们是活在地狱里的焦虑生命。

因此，要消除癌细胞，不是用放射线或化学药物，而是要先消除心中的恐惧不安，让身心的自动平衡系统回复功能，"恐怖分子"自然会变成良民。

讽刺的是，从大自然的角度来看，无知愚蠢的人类，不顾母体和自己的安危，拼命污染环境，这也算是地球的癌细胞吧!

　　癌细胞, 说穿了只是人们的无明和业力的表现形式之一。

　　如果无常让万物往东走, 人们的无明和执著却要往西走, 两者的冲突形成强大业力, 在长期违反无常和自然的情况下, 再健康的身体都要造反的。

　　所谓的觉醒, 分为觉知和清醒两部分。许多历经风霜的人, 对于人生、对于无常的力量, 多少有觉知, 知道自己的痴心妄想是不切实际的, 但对妄想的迷恋却让他们选择不想醒来。

　　据说, 梅艳芳之所以会死于子宫颈癌, 是因为她从小就一直憧憬能拥有幸福美满的家, 有老公和孩子, 因此, 尽管癌症病情严重, 她仍想留住子宫, 保持身体的完整, 等将来病好了可以实现梦想; 然而, 就因为她不肯摘除子宫, 反而让癌细胞扩散, 带着遗恨离开人间。

张国荣的跳楼自杀，盛传是和感情有关，但也有记者猜测，以张国荣追求完美的性格，很可能是他发现自己也不得不苍老，面对后起的新生晚辈，外在条件都在他之上，他无法接受这个事实，因此宁可死，也不要让完美形象有缺憾。

知名艺人或明星的内心，多少都有这样的死结，这个结他们自己打了几十年，最后糊成一团，没头、没尾、没线索，没有人解得开，包括他们自己。据说，肥肥沈殿霞尽管在事业及友情上有很漂亮的成绩单，在感情上却有很大的遗恨，她的心结之痛，只能用全身心投入事业和享受美食，来减轻或让自己麻痹，因此过度的饮食才让她的身体失去平衡。

……

这些打不开心结的巨星，他们的智慧及觉知力，并不见得比庙里的修行者差，他们也不是笨蛋或未经沧桑的温室花朵，只是他们都小看了这心结的破坏力和杀伤力。这些心结，来自于他们在几十年前种下的一颗小小种子，几十年后发芽长成大树，就算最后他们想觉醒，用了巨斧和电锯，也砍不掉这棵无明大树，结果当然是他们的能量和生命，全被这棵由无明灌溉滋养的心结树吸光。

人会怎么死？会得到什么样的苦痛？人生终点会得到什么结果？当你在心田种下那棵妄念的种子时，就已经决定了。

这就是为什么我们要时时保持觉知，一来是不让过去种的无明种子继续茁壮，二来不再任意种下新的无明种子，因为，对付无明业力这个东西，如果不从源头断根，我们就会一辈子成为它的奴隶，一辈子活在恐惧的阴影底下。

因此，所谓的业力，完全是在我们的意识平台运作的系统，只是许多妄念、妄见，一旦被我们的意识平台接受，就会转沉到潜意识或更深的第八识里，如果没有相当强的觉知力和观照力，就无法发现这些深埋在心田里的种子，正在偷偷地发芽。

等到妄念种子长成大树，我们的意识平台就只能满载着妄念和遗恨，不甘心地离开人间，临死前还以为自己的妄念和遗恨都是真的，以为自己的肉身也是真的，是不应该分解腐朽的，这样的执著必然让他们的灵性更痛苦。

如果他们能及早真正觉醒，看清这个肉身只是我们灵性来到这世界的界面，所谓的幸福美满和浪漫爱情，也只是头脑的梦幻（我们可以做这些梦，让自己高兴过瘾，但就是不能当真或执著，甚至执迷不悟），那么，他们离开人间的姿态必然是更洒脱、欣喜的，也不会死于癌症或恶疾手中。

只是，我常听人家叫大家要放下，把苦放下，把执著放下。问题是，无明种子的业力如此之强，如果没有真正觉醒，就好像你身上长满拳头大的恶瘤，如何放下呢？这些长时间滋长出来的大恶瘤，难道只靠嘴巴说说"放下、放下"，就会结痂掉下吗？

相信我，面对恐怖的无明业力，唯一的药方就是觉醒，让整个意识全然觉醒，不再逃避，不再有侥幸心理（期待痴心妄想的梦可以成真），靠着觉醒，让无明的种子或大树不再有养分，让它自然萎缩，你才能真正看见你那独一无二的"自性"。

26

任何时刻，我们
永远都有三个选择

无论你在哪里，处在什么状态，每个人永远都有三个选择：让自己的状态维持不变，使它更恶劣，或使它更觉醒、更进化。

第三个作法，在逻辑上或灵性上，似乎都是最佳选择。

当事情不如大脑的预期时，即使真实情况没有那么糟，我们的大脑仍会让我们掉入挫败或消沉的陷阱，甚至拿起法官审判桌上的木槌，重重一击地判我们死刑，告诉我们再也没有机会会变得更好了，这已经是绝路，三审定谳了。

如果你懂得觉知，就可以不去理会大脑的这个游戏规则，更不会把它的恐吓当真。

有一对情侣，他们几乎每天吵架，每次都吵到要分手，但当他们都同意分手后的五分钟内，彼此又会被大脑里的莫名恐惧拉回来，两人又捐弃任何成见和不满，决定继续在一起。

因为，他们都怕如果分手，可能再也找不到更适合自己或更爱自己的人；因为，他们的大脑已经把可能会遭遇的孤单无助的景象，不停地在他们脑子里重播来恐吓他们。因此，不管两个人相处的状况有多糟，两人早已互相折磨许久，最后他们仍选择了维持原状，依旧继续吵下去，互相折磨至死。

从前有个画家很有才华，虽然没有接受过正规的训练，也没有名师指导，却能画出高水平和意境的作品。然而，当他想成为正式的职业画家，而去参加各大比赛时，却一次次落选。

事实上，许多没有背景的知名画家或艺术家在成名前，那种被漠视或冷落的过程是很常见的，但这位画家每参赛落选一次，就告诉自己成名的希望又更渺茫了，甚至开始怀疑自己的才华，开始认为自己根本没有当画家的天赋。

某一天，他又落选了，他对这个事件选择了负面的诠释，他索性不画了，从此弃笔从商。等到他以前的作品被有慧眼的人发现时，他已经失去了画家的特质和内涵，而成为一个道道地地的商人。

……

从小开始，就没有人告诉过我们大脑是幻象制造机这个事实，因此我们在大脑里制造了很多幻象，渴望成名，渴望拥有完美的爱情，渴望成为受欢迎的人等等，直到幻象一一破灭，挫败和痛苦才让我们从梦中惊醒。

但是，同样是幻灭的痛苦，有人选择继续活在梦里，有人选择不甘心或报复他人，有人则选择看清幻象、看清让这一切运作的意识平台是如何在玩弄我们。

事实上，当挫败和痛苦来临，每个人的意识都会清醒那么几秒钟，就像一个人长年抽烟、酗酒、熬夜，终于全身痛到昏过去被救活时，有那么一点时间的清醒过来，好让他的身体得到休息和回复平衡，但最后仍选择再回到那种折磨身体的世界里去。如果没有觉知，再多的苦也只是折磨。

上帝对我们是公平的，至少，不管什么时刻、不管我们处在什么状态，我们永远都有三个选择。

27

满街都是拖累者
和吸血僵尸

世上最可怕的，不是那些电影里的吸血鬼或妖怪，而是深陷在无明里的人。

我很喜欢交朋友，但当我真诚地把人家当朋友，却总发现很多人只是把我当猎物或白痴。

老实说，对于这些人我真的不怪他们，却又无法救他们，因为他们的无明，总认为全世界的人都对他们有所亏欠。

例如，有一个才见过几次面的朋友，却要求去吃饭或唱歌都要我付钱。还有另一个朋友认识没多久，就开口向我借钱，而且态度自然得好像是我欠他的。此外，还有一些做直销的朋友，拼命要我买东买西，我的包容和善意回应，却被他们当做是老实和单纯，于是他们予取予求，逼得我要把话说清楚，说我不是智能不足的傻子，他们才自认无辜，是误会一场。

这类搞不清楚状况的人，一种是低姿态的拖累者，一种是高姿态的吸血僵尸。

老子说："知足不辱，知止不殆。"

这两句话对拖累者来说太深，他们甚至连想都没想过，当你对他们真心付出，他们就下意识地把他们自己的问题一直丢给你，然后只会怨天尤人，说什么老板对不起他，同事嫉妒他，总之，不是他不想上进或解决问题，而是老天爷对他不公平。

相对的，老子的知足不辱和知止不殆，对高姿态的吸血僵尸来说，并不是什么高深的道理，因为，他们早知道这两句话，只是他们的"足"和"止"，和我们的尺度不一样。

例如，我有个朋友，光是大学就读了快八年（并非医学院），勉强毕业后，上没几天班就想自己创业，于是想办法用尽所有关系借到一笔钱，开了公司，没几个月就倒闭了。

这时，他对于借给他钱的亲朋好友们的催讨债务的行为，却是不屑一顾，说什么他们眼界太窄、胆识不够，最好大家再借他一笔钱，让他东山再起，赚更多钱，连本带利一次还清。

我为什么说这类人是吸血僵尸，因为他们都没考虑到大家的钱也是血汗钱，不是人家辛苦打工赚来的，就是省吃俭用硬存下来的，把这些钱亏掉了，他们却丝毫没有歉意，还认为大家的血汗钱应该再被他们剥削，否则，就是不把他们当朋友或亲戚，仔细想起来这和无血无情的吸血僵尸没有两样。

我说的这个朋友，并没有觉知到别人也有生活压力，听说他的某个亲戚不再借钱给他，他还跑去人家的家里大闹。

几年后，我才从朋友口中听说，这位吸血僵尸人脉断尽，没有人愿意再帮他，不管他的说辞如何漂亮，甚至最后走投无路时态度已软化，谦卑地向人请求帮忙，但再也没有人相信他。最后，听说他连两百元都要向人借，两三天才吃一包泡面，他在走投无路及悲愤状态下抢了路人皮包，被捕入狱时还怪亲戚朋友全都是冷血动物，见死不救。

这样的拖累者和吸血僵尸，其实满街都是。每当我跟朋友闲聊，总会听见某人的兄弟或同学就是这类的人，一个家庭里只要出现一个这样的人，全家都受累。只要家里有一个人深中无明之毒，搞得一身债，或向地下钱庄借钱，整个家就必然毁掉，连同他身边的亲朋好友也都会受害。

这样的人，并非是十恶不赦之人，也并非罪大恶极的坏人，但是他们的可怕之处，就在于他们的大脑深陷在无明的模式之中，他们不知道什么"足"或"止"，也不知道什么行为会让他们自己及身边的人受辱，或陷入危险之中。

如果我们不想拖累别人，或是孤单地成为人人都怕的僵尸，应时时戒慎恐惧地保持觉知，毕竟无明是无色、无味、无形的。

28

写给未来自己的一封信

你本就是一个充满着能量的小宇宙，而在各种能量的结集及运作中，早已设计好了我们未来的生命蓝图。

然而，我们的逻辑性左脑无法看见这个未来，它所认知的时间，是用"切片法"，像是把一条寿司，切成片段的独立单位，就像用照相机每隔一段时间拍照，把流动的时空凝结成一个标本，再用逻辑把它们串起来，因此，我们认为过去、现在、未来都是分开的。

但是我们的右脑却可以在一瞬间看见时间的全貌，也就是可以当下感悟到整条寿司，感知到过去、现在、未来其实是一个整体的能量流。

时间的能量既可以被创造，也可以被摧毁，更可以被改写。我们可以透过意识的运作，来改写未来的能量蓝图。

因此，我们可以跨越逻辑性的左脑和直觉性的右脑，写一封信给未来的自己。

这封信不需要用手去写，而是要用我们的意识来完成，用观照来寄出，用感悟来收信。

首先，我们可以先决定要写给哪一个未来的自己，例如，六个月后、三年后、十年后或更遥远的自己。

事实上，要实现计划或愿望，只要推想其中的因果关系即可。

例如，你希望自己在一年后成为某个领域的成功者，或者把债务还清，或者完成一个计划，现在的你就可以用简单的因果法则，去推想在时空的轨迹下，你应该要做什么事或不做什么事，才能达到自己设定的目标。

然而，这类的因果推算或计划执行的方法，并不是什么新鲜事，许多企业或管理学都提到这类的东西，只是大家都无法成功地掌控所有变量，而让自己的目标愈来愈模糊。

在这里，我体悟到的、可以看见未来的，是更深层的因果法则，也就是我们意识的觉醒，去悟到因果法则的轨迹和力量，而看透时空的假象。

因为时间不存在，如果你能觉醒而看清这个实相，你现在的每个念头或意识的波动，都是未来的一部分。

如果想知道自己未来是什么样子，从现在开始保持觉知，察觉自己的意识是否又开始被某些习性或偏见干扰着，察觉自己的意识是否又退回到过去无明时的状态；时时保持觉知，不要被头脑里的妄觉、妄见牵着鼻子走，你自然可以心想事成，看见未来的你是什么模样。

或许六个月或一年后，你再检视自己是否有成长或改变，如果有，那就表示你已收到现在写给自己未来的一封信，只是这封信是用你的意识能量写成的，别人看不见。如果你没有保持觉知，你也会失去它，失去这封将永远收不到的信。

29

当恐惧变成石头砸向你，
你就变成大海吧！

我们难免会被人伤害，这是无法避免的事。

事情的发生可能是透过疏忽、虐待、欺骗、侮辱、背叛、利用、不忠或拒绝。

若伤害仍在里面，就会引起各层面的伤害，甚至堵塞了能量的运行，导致各种莫名的不适和病症。

这时，只要诚心地原谅对方，至少在身心层面可以舒缓了紧张，让能量再度流动，让身心又可以回复到平衡的状态。

然而，迈向宽恕的路是非常有挑战性的。

如果那个伤害行为十分残酷，而且持续不断，你就会陷于愤怒、怨恨和痛苦中，因为那是合理的反应。

你可以透过觉醒，来释放这些把你困在愤怒中的痛苦。如果你在等待某个伤害你的人给你补偿或道歉，这种期待就只会把你身上的所有能量，困死在一隅。

对方给你的伤害愈大，你愈期待他道歉，你失去的力量也就愈多。

只要你能保持觉知，就会知道，你永远拥有选择下一秒如何活下去的力量；即使对方仍在一直伤害你，或让你生不如死。

原谅对方，并非要你任对方予取予求，而是不要去回应对方的恶和伤害，让他的伤害或憎恨，像是丢到大海里的小沙粒一样，丝毫不会影响海平面的起伏或引起任何波澜。

原谅他吧！

在这之前，先清除你对伤害的偏执和妄见吧！所谓的伤害，如果没有被害人，是不成立的。如果你没有以一种被害的意识和他相对应，伤害根本就不存在，他只是在虚耗能量，来掩饰自己的恐惧和自卑。

当他的怒气或怨恨成为一把剑，你就变成剑鞘；当他的不安变成万箭飞天，你就变成云；当他的恐惧变成石头砸向你，你就变成大海吧！

30

痛苦是我们最好的诤友

人与人之间有着不同层次的联系，其中以情感和爱最强，但以痛苦的影响最深。

遗憾的是，我们往往忘了爱的强大力量，却只记得让痛苦冲击我们的生命。

我们都习惯性地逃避痛苦，因为它被归类为不好的、有害的范畴。然而，逃避并不能使痛苦消失，反而只会使它增强，若不加以处理，事态就会像水坝上的小洞，如不实时做修补，很快就会冲毁一切。

痛苦来临，若置之不理，或假装微笑，只有短暂效果；或者，疯狂地工作、做剧烈运动、暴饮暴食，只会延后你对实相的觉知。

无论何时，只要你愿意往内在去观照，就会发现你的自性，将引导你去面对痛苦，甚至看透痛苦的本质，进而超越它，让你痊愈和成长。

当你感到痛苦时，想办法让自己的心静下来，闭上眼睛。

找出身体感觉痛苦最强烈的部位，可能是心脏、喉咙，或是太阳神经丛、胃或脑。这些位置可能是你感觉到的肉体的痛楚或紧张，不然，你也可以凭直觉找出痛苦结集之处。

然后把焦距拉近，对准痛苦的中心，用清净的凉水浇熄痛苦之火。每天不断地尝试，不可思议的事将会发生。

以我自己为例，只要我的静心够深，心念愈集中，集中到极致，会连心念这个东西都不见了，也就是进入"无我"的状态，身心的各种痛苦竟然就消失无踪。

如果你能保持觉知，下次你熟悉的痛再回来时，你可以很自在、很轻松地化解它，甚至觉得痛是一种温柔的闹钟，提醒你意识或生理上哪里失去平衡，或是某种系统的运作超载，这时你只要静下心，让身心自然回复平衡状态，痛自然会消失，痛也不再是痛，而是我们最好的净友。

31

我们的头脑是标签产生器

人类的头脑是一个标签产生器。

几乎是无意识的，你或别人，一直在你身上贴标签，你一直撕掉且澄清，当你还未撕完，就又被贴上另一张，没完没了。

这个爱贴标签的头脑，我们如果无法控管，就会虚耗我们的能量和意识，让我们的灵性在原地打转，永远逃避问题，模糊焦点。

我认识的许多人，都习惯于利用标签或仇恨对立，来引起别人的注意，来标出自己的优越高度、贬低别人的价值，来逼人就范。

这些缺乏觉知的人，无自省能力，长久下去他们将变成偏执标签机的奴隶。

我们的意识只是个平台，我们想在这个平台上执行什么程序，其实我们自己都有选择权。遗憾的是，很多人没有醒来看清这个实相，放弃了选择权，任凭各种病毒程序虚耗或滥用这个意识平台，最后不是让意识平台崩溃就是被消灭。

你可以选择带着觉知，也可以选择带着仇恨，也可以选择带着偏见或负面思想，一天一天如此活下去。

当你带着仇恨，每个人看到你，或想到你，他们的意识就瞬间堕入仇恨的地狱，因为你会把人家的一个小错紧咬不放，你要鞭尸祖宗八代，小题大做，无中生有，不把人当人看，只关心自己的情绪和执著，没有考虑到他人的感受和因缘，因此，任何人看到你或想到你，那种恐惧和痛苦就油然而生，甚至连狗、猫都要避你唯恐不及。

当你带着仇恨，你看到的人都是仇人；当你身处地狱，你看到的人都会被你拉进地狱。许多校园滥杀事件的凶手，都是自闭、不安且活在地狱的人，因此他们可以对毫不相识的无辜同学开枪或下手杀害，因为，他们的自性已经不见了，主宰他们的，只有那些没有爱和觉知的恐惧和不安。

当你带着觉知、带着包容和爱来对应所有人，人家看到你、想到你，自然会感受到爱的芬芳和甜美，人人都想亲近你，用同样的爱来回应你。

你要带着仇恨虚耗生命，还是带着觉知体悟生命的核心功课，由你决定。

当我抱怨，我的能量散乱纷杂，如此恶性循环，自性就无法安住。当我感恩，当下的一切都是上帝给我的恩典。

保持觉知地去观照自己那个无明的头脑吧！

觉醒的关键，不在于要拥有什么或学会什么，在于如何放开、放空和放心。

把手握紧，里面什么都没有；把手放开，却能拥有世界。

32

第八识的能量印记

如果我们没有被左脑的逻辑所限制住，就会体悟到万事万物都是能量。

例如，固体物质是储存或静止的能量，振动频率十分低；而气体和光都是振动频率很快速的能量。

能量，无所不在，只要某个时空发生过力量强大的仪式或冲击，四周所有的物体都会吸收当下产生的能量和灵性记忆。

这类仪式可以是诞生、洗礼、庆生聚会、婚礼、治疗、圣餐、毕业典礼、葬礼或房屋祈福祭拜等等。

或者，身心内外的强烈冲击，心灵得到强而有力的启示、情绪治疗或灵性开悟，这类人与人之间、人与天地之间交互感应的瞬间，也可以释放出强大的能量。

自然界中某些地方也显现出强大的能量，是因为刚好汇聚了大地、植物、水流及太阳所产生的能量，或正好处于地球磁场带的交汇处。

从这些场合带走一件小物件，便随身带走了那个时空下的能量。

这些小物件包括小石头、贝壳、钱币、念珠、橡实、纽扣、丝巾、花朵、沙土、羽毛、玻璃，或任何对你产生意义的东西。

此外，有能量就有印记的残留。

当爱人看到多年前的定情之物，当仇家再遇到仇家，当老人家遇见小学同学或老师，许多储存在意识深处的印记就会被唤醒。然而，印记之所以能存留如此久且如此深，全都是能量的关系。

犹如一张磁卡，因强大能量的冲击或作用一样，可以记录下一些讯息，也可以让讯息被消除。

当一个人经常处在能量或磁场紊乱的状态下，他所储存的印记也是失真、杂乱的，过去的印记也将无法真实地还原或被回忆起。

相对的，当你经常保持觉知，每天让自己静心来稳定自己的能量和磁场，不但可以把储存在第八识里的印记做良性的整理，印记的质量也会很好，甚至可以读取多年前或更久以前的灵性印记或相关资料。

我们的灵魂，只有百分百或全然地体验万事万物，包括那些被我们左脑贴上不好的标签的鸟事和衰事，如失恋、失业、生病等，灵魂核心里的第八识系统，才能有高质量的印记，这些印记才能让灵魂有高质量的觉悟和进化。

觉醒，就是要看清这个实相，在活着的每一个片刻，都以一种无惧、无我的体验模式，全然去体验人生，在办公室里、在公交车上、在高级餐馆里、在追着垃圾车的当下，甚至在自己否定自己的忧郁和苦闷里，我们全身的细胞能量所散发出来的"结"，都会形成一个深刻的印记，铭刻在灵魂的第八识里。

　　所谓的觉醒，并非要大家去逃避那些不好的忧郁或苦闷印记，而是全然地接受它并体验它，然后在这些印记里找到答案，使灵魂得以进化，也超越了人世间的这些忧郁或苦难带来的恐惧和不安。

　　毕竟，所谓的觉悟、快乐和恐惧不安，都是能量印记的产物，它们都是能量，差别只在于分子的排列组合不同，或用能量写出来的程序语言不同，要改写这些程序，除了你自己以外，没有任何人可以做得到。

33

幸福像菜价，
价格和努力不成正比

我 常听见很多女孩子抱怨，为何她比别人还辛苦地
经营感情，比别人还用心地去投入生活，却得不
到应有的幸福，这种耕耘和收获不成比例的人生，实在
没有再认真活下去的意义。

事实上，不只是女孩子的幸福、男人的事业、病人
的健康……很多时候，我们尽了最大努力，但成绩单下
来时，仍是惨不忍睹。

这些付出和所得不成正比的现象，是个事实，然
而，相对的，很多时候人们不用太努力，却也能得到相
当好的成绩，甚至中了大乐透，这又怎么说呢？

或许，大家都把这些现象归咎于运气或天命，但在
我看来，这些现象只是无常的因缘聚合游戏，并没有人
要和我们作对，也没有人保证会给我们好运或实现什么
愿望，一切都只是因缘聚合离散的排列组合而已，无常
是没有意识，也没有感情的。

如果我们能用这种觉醒的心，来看世间万物，包括人生的起伏穷达，或是政经局势的变化消长，就不需要再去改运或拜神了。

只是，很多女孩为男朋友付出多年，最后男朋友结婚时，新娘却不是她。还有，某个长年行善积德的大好人，却罹患癌症或恶疾去世，而作恶多端的坏蛋，竟然能中了好几亿的乐透。

面对这些违反人性期待的现象，大多数人仍然无法接受和释怀。

例如，每当台风来袭，许多农民无数的心血，就可能会因天灾而化为泡影；台风不来时又因为生产过量，出现让农产品变成贱价也没人要的局面。

幸福，这个大脑制造出来的幻象，其实也和农产品的价格一样，是无法有保证书的，没有人可以保证，你付出多少就能得到多少，有时候甚至会成反比。

因为，和幸福或农民期待的菜价一样，任何大脑制造出来的东西，像是爱情、亲情、成就、健康、财富、地位等意识的产品，都是和自然界的无常没有任何关系的，有时候因缘来得多或巧，让你心想事成，有时候就是只差临门一脚，因缘不俱足万事休，你急得跳脚或咒骂老天，也没有用。

有人从小贫困，长大后白手起家，每天工作十几个小时，好不容易做起一点小事业，可能又遇到金融风暴或天灾之类的原因，就此打回原形；第二次、第三次再从头做起，可能又被火灾吞掉，或被朋友倒账。

相对的，有人从小就享尽荣华富贵，不愁吃穿，长大后即使随便玩一些自己喜欢的东西，也可以成名赚大钱。

这些现象都是因缘聚合而成的，并不是上帝特别眷顾谁。

然而，人贵在觉醒和成长，而非拥有什么因缘。前面说的穷人，创业三次失败三次，或许他因此可以觉醒，从失败中领悟到更多智慧和经验，第四次开始就无往不利，事业扶摇直上，甚至可以成为别人的创业顾问。

相反的，那些从小占尽天时、地利、人和的富家孩子，或许一生都太顺，日后遇到什么打击或困难，就此不支而倒地，即使他有再多的资源或因缘，也可能因为他不会运用而白白浪费。

因此，从无常的角度来看，什么是好，什么是坏，那都是人的大脑下的定义，从长远大格局来看，幸福像菜价，价格和努力总是不成正比，或许也只是一个阶段或短暂的现象，只要我们的大脑不要过度地去执著或放大它，学会顺应无常的起起伏伏，习惯它的消长循环，我们就能超越所谓好运坏运的信念系统，在无常中活得自在了。

34

没有锁的枷锁，
最难挣脱

人生是苦，苦在意识被数不清的枷锁束缚着，心无法清明无虑，宁可被妄觉、妄想驱使着，追求有形的枷锁，来麻痹心中无形的枷锁。

如果你能觉醒，就会发现，铁、木头和麻绳做成的枷锁，并不是最坚固的束缚，迷恋名利、珠宝、耳环、爱情或青春，才是最可怕且最难解除的束缚。

这两种锁的不同，在于有形的铁或麻绳做成的枷锁，必然有个让你打不开的锁，或许需要钥匙或密码；而心中无形的枷锁，却没有任何锁来锁住你，相反的，是我们自己牢牢地抓住这个枷锁，只要一离开这些枷锁，就会陷入莫名的恐惧不安中，于是只好再把枷锁套上，意识无法清明且自在地过日子。

对女人来说，似乎都有个魔咒，好像没有找到自己真命天子，拥有一个美满的家、生个孩子，人生就不算幸福。

　　我认识一个女孩子，她的感情之路不顺，婚也结了三次，总是遇人不淑。这三次的婚姻让她破产、坐牢和受重伤进医院，全都是为了保有婚姻而对男人所做的妥协。然而，当她太顺应男人，对男人百依百顺，人家就不把她当人，到头来她还是孤家寡人一个，尽管年华已逝，伤痕累累，她仍憧憬着可以找到真命天子，拥有幸福美满的人生。

　　她心中那个看不见的锁，是枷锁，同时也是她的希望和依靠，因为，她不敢想象她一个人孤单生活的景况，她渴望照顾别人，甚至渴望被别人牵绊、依赖或拖累，让她忙得团团转，忙到忘了孤单的恐惧不安，她才觉得人生是安稳的，内心也有个寄托。

　　也因为她内心有这样的渴求，表现出来的就是希望人家吃定她，因此，本来一些还算厚道的男人，和她在一起后，慢慢也觉得不好好依赖她，好像是对不起她。

这些男人开始花天酒地或沉迷赌博，每天回家就伸手向她要钱，她每天兼好几份工，怎么赚也都不够男人花，甚至累到生病，也没有人照顾她，让她独自躺在家里自生自灭。此外，她也怀孕了三次但都流产，因为没有一个男人想要小孩。

她的无明和恐惧，让男人把她吃干抹净遗弃后，最后孤单地病死在出租屋里，死了好几天才被房东发现。

其实，人来到这世间，想体验或追求幸福，这都没有错，只是她用错了方法，用了太多恐惧去自欺欺人。如果她能拿掉自己心中的锁，自信地找对男人、用对方法，反而可以拥有一个幸福的人间游戏。

人活着，多少都必须靠一些枷锁来忘掉痛苦和不安，所以说，内心的枷锁不是锁，而是人们逃避痛苦、不敢面对自性的拐杖。

或许，这根拐杖可以暂时让你有个依靠，让你疲累的心休息一下，但如果你忘了它只是一根拐杖，而把它当成你的脚，反而会让你原来的脚萎缩，你的人生路也会愈走愈痛苦。

很多圣者或智者，都说人生是苦，其实人生不见得是苦，而是人的意识太依赖枷锁才会痛苦。在这个世界上也有很多人一生过得很快乐，或者很豁达自在，他们不见得是修行者或智者，他们是勇敢地面对自己的觉醒者，他们可能是企业家、艺术家、工匠、建筑师，或各行各业的顶尖人物。

因此，那些圣人或智者说"人生是苦"不见得是对的，如果你能觉醒，你也可以自己改写这句名言，无须跟着人家的见地而活。否则，当你习惯心中被套着一个枷锁，你将一辈子无法挣脱。

35

涮涮锅的美味
只有几秒钟

想象一下，在某个无云的夜晚，你刚好抬头望向夜空的某个方向，这个瞬间有颗流星从你眼前很清晰地划过，像一条晶亮璀璨的项链，让你目眩神迷。

或许你没仔细想过，你目睹的这个景象，需要很多因缘，而且机率是很小的，你这一生中，很难再有第二次的机缘看见同样的景象。

然而，我就有个女性朋友，从小就看过这样美的流星，从此之后就一直在追求同样的因缘，但都无法实现，她也因此郁郁寡欢。

很可惜的是，她没有想清楚，如果流星的耀眼光芒可持续几十分钟或几小时，那么，她再也无法感受到原来那个瞬间的美感，以及内心的震撼。

流星的美，是来自于它的瞬间，让我们的大脑只看见那百分之一短暂的片刻，如此我们的大脑才能自己加工，把其他的百分之九十九用自己的想象填满，我们才会一直迷恋着这个瞬间即逝的美感。

同样的道理，这世间的许多美感、令人感动或迷人的东西，都是短暂的，稍纵即逝，这一切都是某些特殊的因缘聚合所致。

当我们在享受当下那种美感和感动时，如果能觉知到这个道理，就能不执著、不强求这个短暂的因缘要长长久久、永不消逝，就能全然地去体验当下的感受，而没有任何罣碍和恐惧。

有位朋友问我，为何美好的事物总是如此短暂？

我则问他，是否吃过涮涮锅？如果他知道正确的吃法，就可以回答他自己的问题。万事万物的存在，都有其特定因缘和时间性，涮涮锅的肉片，最鲜嫩美味的时刻，也只有肉片烫熟了起锅的那几秒钟，错过了，同样的一片肉，却变得冷硬难嚼。

我听说，红酒开瓶后要醒酒，口感最佳的时刻也是醒酒后的十几分钟，过了这口感的高峰期，当酒和空气接触的时间太久，口感就会变酸涩。

又如香水，打开后，也有前味、中味和后味，不同时间段有不同的味道。

然而，很多人都以为肉片好吃，应该任何时间都好吃，酒好喝、香水的气味，也都应该是恒久不变的。他们的这种被左脑格式化的意识，会投射到其他方面，例如，他们会以为爱情也应该没有什么"有效期限"，当你爱一个人，每天都是一样的，对方是不能有心情变化的，就此一直到天荒地老。

或者，健康和青春应该是永久不变的，一个有钱人应该就一直有钱，聪明的人就会永远聪明，好开的名车永远都很好开、不会有故障和瑕疵，值得信任的人就永远可以托付……

当你觉醒，就应看清，所有的"应该"，都只是意识的产物，他们不是实相，不会有永恒，甚至连"永恒"这个观念，也是意识创造出来的东西。

如果你有幸曾看到过流星，那就顺其因缘，不要再强求老天让你看第二次。

人生中可遇不可求的事，太多了。而且，你现在所求的事，或许几年后就变成你避之唯恐不及的噩梦。

有一位女孩向警察求救，说她想和男朋友分手，男朋友却威胁要杀了她全家，还要让她死无全尸。警察问她为何当初交到这种男朋友？

她却说当年他单纯又乖巧，是个不会和人计较的老实孩子，所以她爱上他。

警察听了，怔了半天，又问她，为何男朋友现在会变成疯子？

她说，过了几年她又觉得不爱他了，他竟然会失去理智地威胁她，这是她也想不通的。

社会新闻经常可见，许多人不愿爱人离开他，有的是自杀，有的干脆和对方同归于尽；还有的失去理智，不仅杀死女友，还杀了女友的家人。

……

这些无法接受"变化"的人，是因为他们的大脑里，还以为当初那颗"流星"还停留在原时原地，不认为那是一个美妙的梦，他们不想醒来。

如果以实相的观点，当初那颗流星早就飞到几千、几万光年外的宇宙了，或许早已裂成好几块，或许已变成碎片或细沙，但不变的是，它的模样从来就没有我们看到的那么美，它的美，只是我们的眼睛和大脑制造出来的错觉。

事实上，他们真正能感受到爱情或流星的美，只有短暂的片刻，时间过了，那个美再也回不来，他们可以回忆，可以再去体验更多、更新的美妙和幸福，但原来的那个东西，已经不存在了。

该消逝的就让它全然地消逝，心中不带任何罣碍和执著，才能全然地体验和回忆那个美。

可惜的是，我们都习惯地把大脑编造出来的东西，当成是真的，我们都没有觉知到，所有事物和因缘，每分每秒都在变化，都和原来我们看的、想的，完全不一样了。

例如，小孩子一天天在长大，爱人也一天天在变化，人际生态一直在改变，市场也一直在不停地调整消长……如果我们没有觉知，可能会对已变成青少年的宝贝儿子，仍把他当成五岁儿童来看待，也可能把已经厌烦了你的唠叨或无趣的爱人，仍当成是刚热恋时的那个人。如此一来，大脑里的妄觉和现实的冲突，势必让人会失去理智，用尽手段想再去找回那已不存在的流星，即使前方是悬崖或火山口，也会看成是滑水道而往下跳。

其实，所有妄觉都只是一时的。

你不妨回想一下，过去那些曾让你痛苦到生不如死的事，几年后你可能会觉得很无聊，过去某些让你很执著的事，或许几个月后你会忘得一干二净。

人生的苦乐，也都是因缘聚合的现象，不要因一时的妄觉而毁了自己一辈子。时时保持觉知吧。

别忘了，涮涮锅的肉片再好吃，它的美味也只有几秒钟。

36

你不能永远停留在

一楼的快乐

由泡沫聚合而成的世间，可以看做是一栋大楼，根据能量振频的不同而有不同的层次。

事实上，"快感"这个现象，也可以用一栋大楼来比喻。

人的快乐，基本上都来自大脑的快感，人可以活下去，甚至爆发出惊人的生命力来超越逆境和困境，也都必须靠着快感的驱动。只是，当我们觉醒，应该知道我们的快感来源有几个层次，知道我们现在的快乐和快感是满足了哪一个层次。用觉醒的自性（荣格所说的个体化意识）来管理这些快感的满足和平衡，而不是偏重于哪一层的快感，或打压某一层的快感，这就是中道，就是有觉知的自在和超越。

例如，当我们吃到美食而感到喜悦，或感情投入地唱一首歌而陶醉其中时，我们要有觉知，知道自己目前的快感和快乐在哪一个层次，我们才不会暴饮暴食或过度刺激某一个层次的快感，而忽略其他层次的快感。

如果我们的快感是一栋大楼的话，那么，它到底有几层呢？

首先，我们先来看一楼，也就是地面楼层，它的快感来源是物质及感官所接收到的讯息，主要是为了满足人们生理的需求，例如吃、喝、呼吸、温度、睡眠，还有性行为及大小便等等。这一层的需求机制，在我们还很小的时候就已发展得很完整，不用人家教，我们都能享受来自吃喝或大小便顺畅的快感。

虽然，这个层次是最低的，但也是楼上所有层次的快感基础，没有了这个基础楼层的快感，楼上的快感都无法被我们感知到。

再来，二楼则是心理及感情上的快感，同样是透过眼耳鼻舌身意，以一楼的快感为基础而升级的快感，主要是满足安全感、归属感及被关爱、被认同的感情需求，这个楼层的快感运作模式，也以情绪的满足和发泄为主。

再上一层楼，就到了三楼，是属于精神思想层面的快感，这类快感主要来自信念系统或抽象概念的满足，也牵涉到自我实现的意志力表现。这层的快感，包含了一楼及二楼的快感，却又超越它们，不受一楼及二楼快感的控制，甚至快感强度达到一个程度时，可以连一楼及二楼的快感都忽略。

许多人为了信仰或理念而赴死，或牺牲自己成为人弹的案例，就是太沉迷于三楼的快感，然而却没有觉知，才会让整个意识的运作失去平衡，整个生命能量都卡在三楼。

此外，把精神性的快感投射到某些非实用性的物质上，如音乐、美术、雕塑、电影等文化艺术的呈现，也是属于这层楼的快感。

再上一层楼，则是灵性的快感，这也是超越了下面三层楼的、意识上可算是觉醒，也已经进化、探触到实相，主要快感来源是灵性的核心——"爱"，它所关心的也不再是某一个个体，而是集体的灵性发展。这种大爱，也可说是慈悲心。这个楼层的快感，和前面三层不一样，不是拥有或去做什么，而是什么都不拥有或去付出。

最后，到了第五层楼，则是神性的快感，事实上，到了这个层次，快感这两个字已无法形容神性的境界，因为，快感的感，是来自于大脑神经系统及意识平台的运作，神性的境界，则超越人类的意识平台，已到了无我的境界。因此，这里的快感，早就升华为极乐（以人类的认知来比喻，事实上，已无苦乐、人我之分），或是喜悦，而不是我们生理或精神上的快感。

我们活着的动力，就靠这五种快感，这栋大楼的外形就像一座金字塔一样，愈上层愈窄，而且都包含下面的所有楼层，也就是说，没有了第一或第二层的快感，第三层以上的快感就不存在。

小时候，我们只知道第一楼的快感，到了青少年开始可以爬到二楼，成年后到了三楼，历经人生风雨后到了四楼，接下来就凭个人修行，决定可以探触到第五楼的什么部分，有人只摸到门把，有人只把头探进去，有人则住进了里面。

我们是否能住到第五楼，有太多因缘业力，我们也不要太执著一定要到五楼。我们来这世间，最主要的就是去经历、体验下面三楼的感受，等因缘一到，自己就能爬到第四楼而觉醒。但所谓的觉醒，并非就此舍弃下面三楼，而是包含它们，进而去超越它们，把下面三楼的运作模式和平衡状态看得更清楚，让这三个楼层的快感或快乐，保持一个平衡状态。

例如，有时候因缘聚合，遇见一个情境或一个有缘的人，有感而发或彼此互相感应，产生感情或精神上的快感，就应保持觉知地去全然享受它，而不是压抑它，更不能长期偏执在这种快感上，却忽略了其他生理、感官、精神或灵性的快感，如此才符合我们身体内的自然律。

或者，当你疲累或压力很大时，你的身体要求补充营养，不妨就去大吃一顿，让身心得到休息和补给。但你知道自己在做什么，你很清楚地觉知，这是满足第一层楼的快感。而且生理上的快感是有对应性的，当生理满足就不会再有需求，因此，你不会暴饮暴食，更不会沉迷在吃喝里面，把吃喝当成逃避恐惧不安的麻醉剂；明明生理上已经满足了，你的大脑却又一直逼迫自己吞下更多东西或喝更多的酒，损坏了肠胃系统，你无法再享受到吃东西的快感，第一层楼的快感来源从此消失，你的意识和身心就会失去平衡。

因此，快感这个东西，对我们的生命平衡和意识提升相当重要，它需要被觉知、被管理及被平衡，而不是被歧视、被打压或被妖魔化。

很多人不懂这个道理，应该说没有觉知到这个实相，为了断除烦恼或修行，就把第一及第二楼封死，不能有欲望和感情、快乐，结果让能量无法自然流动，意识平台因此失去平衡，就算没有走火入魔，内心深处也早堆积出一个未爆弹，只等因缘成熟、引信被启动而已。

如果你已经过了青少年的年龄，你也已经体验过人生的风风雨雨，你就不应该一直停留在第一层或第二层的快感，应该开始继续往上走，甚至到第四层楼，知道自己为什么来这世间，知道为什么过去做了很多蠢事，否则，你的存在，和那些路边的狗、猫没有什么两样。

37

XBOX和PS2都不是真的

现实，其实并不如我们所想那么真实。

我们身处的世界，可以说是一个缓慢移动的能量团（慢到我们的大脑没有察觉），是一个巨大的复杂的、由我们大脑意识程序所演算出来的"意象"。

物理学家也提出同样的观点，他们认为所谓的物质，就是被重力所塑造或凝固的能量。

我们眼睛所见，宏伟的建筑、晶亮坚固的跑车、令人神魂颠倒的美女或帅哥，还有耳朵听到、鼻子闻到和那些无形的愤怒、感觉和快乐……这些都是能量以及能量互相作用的结果。

过去，我不了解这个事实，也没有感悟到这个实相，因此总是被自己大脑制造出来的意象骗得团团转，经常为了一些虚假的东西，如钱财、物品或面子，而和人吵架，不但自己被搞得心神混乱、能量不稳，同时也伤害了许多人的灵魂。

或许，你以为只要丢掉那些烦人的东西，就可以自在生活了。但人生不是这么有逻辑性和简单的，因为，人一旦真的没有了烦恼，反而会变得没有依靠或生活重心，尤其是没有觉醒的人；如果真没有了幻觉，反而会变得不知所措；没有了敌人和作战的理由，只剩下空虚和绝望。

现实中很多修行基础不够，火候也未到一定境界，却硬要逼自己看清人生、不食人间烟火的避世者，更容易落入这种极端。

说来讽刺，人们都想去除烦恼而离苦，等真没烦恼了，又觉得无聊，又开始想找一些幻象游戏来玩，然后又开始执著，开始烦恼。

例如，有人在爱情中受了太多委屈，每天活在等待、猜忌和烦恼不安中。有一天，他索性不玩了，他想抛开一切，不想跟任何人联络，或者去旅行或到外地重新开始；然而，等过一段时间，他又觉得生活空虚了，于是又重回过去的模式，开始认识新的朋友，展开新的爱情，拥有新的烦恼、痛苦和不安。

有个女孩子很讨厌她的男朋友，因为她男朋友老是惹一堆麻烦要她善后，不然就会骂她，甚至打她，还经常丢一堆杂事让她去做。

有一天，她真的受不了，哭着和男友摊牌，说她好累，只是付出，但一直付出却得不到关爱和回报，想结束这段关系，男友听了也答应分手。

但这个女孩子只过了几天清静悠闲的生活，就开始全身不对劲，因为她无法适应这突如其来的"自由"，她像是个习惯监牢的囚犯，只是被假释几天，就受不了这种没有围墙的生活，因此她买一堆礼物跑去求男友复合，再度回到让她安心的"监狱"里。

……

人就是这么矛盾的生物，人人都想要快乐和自在，不受束缚，却也害怕"自由"。因为自由为人们带来的不是快乐自在，反而是空虚和无聊。

人是唯一会怕无聊的生物。

因为害怕无聊，所以人们要去发明很多东西让自己更忙。所以，现今社会有个怪现象，尽管大家上班或上学如此的忙，却有愈来愈多的游戏畅销，人们一边嫌时间不够用，忙到累翻了，同时又花很多时间去玩PS2或XBOX，或者是二十四小时全年无休地在线游戏。

如果你保持觉知，就可以发现，游戏产业的高度发展，像病毒般渗入每个人的生活之后，已经让很多人放弃了真实的人生。

人生其实不像PS2或XBOX里的游戏那么简单，人生有太多变数和功课需要我们去学习和成长，尤其是那些我们讨厌的东西，更是我们的功课。

然而，在游戏世界里，你可以只要快乐，不要责任和成长，玩累了不想玩你可以关机；在在线游戏中和玩家处得不好，你可以跳出来再换一个账号，"重新做人"；你讨厌谁，可以按一个键把他封锁，让他再也找不到你……

当大家都习惯了这种对应世界或他人的模式，他们就会不自觉地认为PS2或XBOX或在线游戏的世界，就等于真实的世界。

因此，在现实世界中，他们也把感情或人际关系、工作、态度……都当成是游戏的模式，是消耗品，也是可以交换或重新开始的。

本来，我们身处的世界，已不是我们大脑所想象的那么真实，因为一切是因缘无常的运作，但是现今的人们，又在头脑里创造了一个更不真实的游戏世界，否定了我们来这世间的价值，以及该做的功课，然后执迷不悟地活在自己的世界里。

据说，现代人的感情愈来愈像游戏，也像快餐店的交易，合则来，不合，则大家快速分手，两人要在一起之前，先要检视一下各方面的条件是否吻合，不然，大家就是再上网或去婚友社玩配对游戏。

有个女孩子跟我说，她参加了许多社交配对或联谊活动，虽然有很多男孩子对她有意思，但她因为可以挑选的对象太多，反而对任何人都没有恋爱的感觉。

我告诉她，当你必须只能背水一战地爱某个人时，你就会有恋爱的感觉了。

毕竟，感情这个东西是不能用大脑来分析或比对的，没有了感觉，所有的感情都只是游戏或交易。

我们可以活在这个由大脑构筑起来的幻象世界，但必须保持觉知和自主，同样的，我们也可以尽情地去玩XBOX或PS2，但不需要变成它们的一部分或奴隶，因为，那些都不是真实的，都只是大脑的把戏。

人生该学习的功课，还是要依靠观照把实相看清楚，勇敢地去觉醒，才不会把人生当成游戏的消耗品，毕竟，能扛起责任地去面对一切、在觉知中成长进化，才是我们应该做的。

38

你无法用头脑去
分析爱或一首诗

很 多人都以为，觉醒，是要用头脑的。

没错，觉醒是要你用清醒的头脑，去看清很多事实，但是，就算你了解很多道理和逻辑，也不见得就能看见"实相"。因为，所谓的"实相"，是无法用头脑去分析或理解的，它只能被体悟到、被感受到，你必须整个人进入它，进入那个头脑无法分析或形容的"场"，你才算真的觉醒。

虽然，我叫人家时时保持觉知，但那只是一个方法，只是进入"实相场"的一个方法，让你在保持觉知中，去发现自己正在做什么傻事，或察觉自己脑子里有什么妄觉、妄想，进而让你的意识产生冲击，唤醒更深及更全面的觉醒。

当你真正觉醒，你根本不用时时刻意去保持觉知，因为你已经在觉醒里面，你看世界万象都已看见它们的本质，也就是实相，根本不需要头脑再多此一举地去提醒你保持觉知。

有读者写信问我，说他一直在察觉自己的念头，每分每秒都观照自己的念头，甚至专心到一念不乱，但这样他也很痛苦，因为，他什么事都做不了。

他的情况，就是只用大脑在保持觉知，而不知觉醒是不能用大脑的。

他就好像在黑夜里用探照灯，不停地照射每个角落，没有被照射到的地方，就是乌黑一片，漆黑中似乎潜藏着什么东西。于是，他只好不停地移动探照灯，无法专心工作生活，也无法休息睡觉。

这不是觉醒，真正的觉醒就像太阳出来，整个天地都是光亮的，你可以看见一切，不需要再靠头脑的探照灯左巡右察，耗费心力。

因为，实相是整体的、全面的，没有过去、现在、未来，也没有你我的分别心，你只能用心去体悟它，因为它是超越头脑的，无法用人类的文字语言去形容或分析。

就好像我们无法用头脑或科学、逻辑去分析"爱"或"诗"。

当你深爱一个人，如何用语言或数值去分析、理解呢？

当你读一首让你震撼感动的诗，如何去分析它的意境和伟大呢？

实相也是如此。

在人类出现以前实相就存在，即使以后世界末日来临，人类都灭绝了，实相还是在那里，不生不灭，不垢不净，它不会因为人类发明了语言文字或数学逻辑，就有所改变；相反的，当我们丢掉语言和逻辑，我们才能体悟到它的存在。

可惜的是，很多人，包括修行者，都不懂这个道。

理，硬要用左脑去理解"爱"、"诗"、"上帝"或"实相"，结果不是让脑袋死机，走火入魔，诳语呕吐，就是让意识平台崩溃。

因为，当我们想用左脑去分析实相，势必会发生类似存储器不够用、程序语言也不合的冲突，这就像一只蚂蚁想用它的脑袋来理解华尔街股市是如何运作一样，是很愚蠢的事，也是很不可思议的事。

曾有人问我，到底觉醒是什么感觉？实相又是什么东西？

我反问他，他是否爱他的父母亲？

他回答是，而且很爱他们。

我对他笑了笑说：

"那么，你把对他们的爱拿出来给我看，我就告诉你答案。"